"科学与文化"系列科普图书

天津市科普重点项目
天津市教育科学"十二五"规划课题

"科学与文化"系列科普图书

李家祥 总主编

环境美化

HUANJINGMEIHUA

王建廷 主编

天津出版传媒集团

天津古籍出版社

图书在版编目（ＣＩＰ）数据

环境美化 / 王建廷主编. 一天津：天津古籍出版社，2012.10

（"科学与文化"系列科普图书 / 李家祥总主编）

ISBN 978-7-5528-0050-0

Ⅰ. ①环… Ⅱ. ①王… Ⅲ. ①城市环境－美化－普及读物 Ⅳ. ①X21－49

中国版本图书馆CIP数据核字(2012)第225932号

环 境 美 化

王建廷/主编

出版人/刘文君

＊

天津古籍出版社出版

（天津市西康路35号　邮编300051）

http://www.tjabc.net

三河市富华印刷包装有限公司印刷

全国新华书店发行

开本 880×1230 毫米　1/32　印张 7.5　字数 145 千字

2012年 10 月第 1 版　2012年 10 月第 1 次印刷

ISBN 978-7-5528-0050-0

定 价：24.00元

总 序

由中共天津市委宣传部和天津市社会科学界联合会(以下简称"市社联")共同主办的天津市社会科学普及周,是社会科学服务社会,推进科学理论大众化、通俗化的一个文化精品活动。今年举办的第十届社会科学普及周,已被列为2012年中共天津市委工作要点之一。作为第十届社会科学普及周活动的一个重要组成部分,编写出版"科学与文化"系列科普图书旨在更好地学习宣传党的十七届六中全会和天津市第十次党代会精神,服务社会主义文化大发展大繁荣,推动社会主义核心价值体系建设,提高市民文化素质和城市文明程度,为加快实现天津的定位,推动科学发展、促进社会和谐提供良好的文化条件。

为使本套系列科普图书更加符合当前科学与人文、科学与社会、科学与文化相互融合、协调发展态势和经济社会发展的时代要求,满足人民群众不断增长的文化生活需要,编写组选取了法治社会建设、城市环境美化、未来城市发展、科技文化知识以及人们关心的社会生活与心理健康等方面内容,一些图书还介绍了党和政府有关路线方针政策和法律法规,以及天津市近年来在这些领域发展的情况和取得的成效,使群众了解最新、最有价值的社会科学知识和思想方法。此外,我们还希望这套系列科普图书贴近实际、贴近生活、贴近群众,能充分体现引领性、通俗性、时代性、针对性等特点,让广大市民更多领略科学精神的力量和科学知识的魅力,发挥引领风尚、教育人民、服务社会、推动发展的作用。

值得特别说明的是,"科学与文化"系列科普图书得到许多单位和同志的热情支持和真诚帮助。天津市科学技术普及重点项目的立项为"科学与文化"系列科普图书的研究、写作、出版提供了大力支持。市科委主任赵海山、副主任李宝纯等领导同志到市社联调研和指导科普工作。市科委段志强处长、孙丽华副处长、党馨工程师、李娜和陈佳等同志在项目设计、申报等过程中给予大量细致的帮助。"科学与文化"系列科普图书还被列为天津市"十二五"教育科学规划委托课题。天津市教育科学规划领导小组的领导给予了有力支持。市教科院党委书记荣长海教授、市教科院院长张武生研究员进行认真指导,天津市教育科学规划领导小组办公室常务副主任赵丽敏教授为项目的申报、审核做了大量繁复的工作。同时,天津古籍出版社对本套系列科普图书编辑出版工作给予了很大帮助。在此,我们向市科委、市教育科学规划领导小组、市教科院、天津古籍出版社等单位和有关领导、专家及同志们的关心支持,表示最诚挚的谢意!

本套系列科普图书的编写得到市社联领导高度重视和全力支持。党组书记李家祥、专职副主席张博颖、原副局级巡视员陈根来等同志,对图书的整体筹划、内容安排、语言特色、版式设计等提出了很多指导意见,并亲自修改和补充有关章节。陈根来负责全书策划,张博颖负责全书统稿,李家祥对全书进行审定。另外,市社联科普处同志承担了本套系列科普图书的大量日常组织和联系工作,并承担了全书的编辑校对工作,付出了很多休息时间完成基础性工作。为支持科普图书的出版,市社联拨出的经费也大大超出历年规模。

本套系列科普图书的撰写得到许多单位和专家学者的支持与帮助。参与编写的各书主编是我市有关高等院校、研究机构的学术带头人和中青年学术骨干，在各自研究领域有较好的学术造诣，各本图书也是他们多年研究成果的结晶。由于本套系列科普图书涉及众多学科，并力图反映最新和通俗易懂的知识，所有主编和审读专家又都同时担负着繁重的教学和科研等任务，在面临时间紧、任务重的情况下，他们积极参加书稿开题报告会，对提纲和书稿进行多次修改。有的是在国外访学期间坚持著述，有的利用节假日时间，甚至在生病期间坚持修改书稿，为完成本套系列科普图书付出了大量心血和汗水。我们邀请了市社联科普专业委员会副主任乐国安教授在项目开题论证会上予以指导，还邀请李建珊教授、陈卫东教授、刘援朝教授、孙学智同志对部分专业性较强的书稿做了审读。在这里，我们也向为本书付出了大量心血和劳动的有关单位、各书编写人员和审读专家表示衷心的感谢！

"科学与文化"系列科普图书分为《心理疏导》《食品安全》《家庭理财》《网络生活》《环境美化》《智慧城市》《法治社会》《科技文化》《社会保障》等9本图书，共100余万字。总主编为李家祥，各书主编分别为李强、赵士辉、田昆儒、周红蕾、王建廷、张琴、刘晓梅、贾向桐、张再生。

由于是第一次出版此类丛书，缺少相应经验，加上撰写和编辑出版的时间较短，书中难免存在不足之处，真诚欢迎广大读者和作者批评指正。

编者

2012 年 6 月

前　言

　　环境是城市经济社会发展的载体,城市环境美化是提升城市竞争力的途径和居民生活品质的手段。城市环境是城市整体环境、城市社区环境和城市家庭环境组成的有机系统,既包括建筑、园林绿地、基础设施等硬环境,也包括生态文明、居民素质等软环境,环境美化是关于硬环境美化与软环境美化的统一。爱美之心人皆有之,环境美化成为了人们的共同追求。因此,发现环境美化的规律,研究环境美化的方法,引导人们的环境美化意识,对于现代城市的发展与和谐社会的建设都具有重要的意义。

　　这是一本专门针对当前城市普通百姓对环境美化的需求而撰写的图书,旨在以通俗易懂的表现方式,普及环境审美知识,传授环境美化技术,介绍环境健康常识,培养居民环境意识,引导环境保护行为。本书从城市规划、城市建筑、基础设施、生态环境、景观环境、环境卫生、社区环境、家庭环境、城市文化等不同角度,图文并茂地介绍了环境美化的基本知识、环境美化的途径与方法。希望这本书能给读者带来更多的审美情趣,并引导人们身体力行地为我们的城市、居住社区和家庭的环境美化作出贡献,让我们的环境更美,心灵更美。

目录

1

第一章 环境释义

——环境美化为何重要

环境是人类生存的基础,是文明发展的前提。人与环境是相互影响、相互制约的关系,环境影响和制约着人类的生活、生产,人类行为又对环境进行着改造。如何正确处理人与环境的关系,将是我们坚持可持续发展不可回避的问题。

一、何为环境

(一)"环境"的发展

"环境"一词自从在中国语言中产生后,就随着文化的发展不断地"丰满"着。了解何为环境及其重要性,是进行环境美化的前提。

环境的概念可从如下方面理解。

1. 周围的地方

"环境"一词,最早是在唐朝时出现,诸多史书也多次有环境一词出现。《新唐书·王凝传》:"时江南环境为盗区,凝以强弩据采

1

石,张疑帜,遣别将马颖,解和州之围。"宋洪迈《夷坚甲志·宗本遇异人》:"二月,环境盗起,邑落焚刘无馀。"清方苞《兵部尚书范公墓表》:"鲁魁山贼二百年为环境害,至是就抚。"当时的意思还仅仅只是"所环之境",即周围的地方,并没有多么丰富的内容,但它确确实实产生了,并越来越多的被古人使用。

2. 环绕所管辖的地区

到了元朝时期,环境一词就被丰富为管辖地区。《元史·余阙传》:"抵官十日而寇至,拒却之,乃集有司与诸将议屯田战守计,环境筑堡寨,选精甲外扞,而耕稼其中。"清刘大櫆《偃师知县卢君传》:"君之未治偃师,初出为陕之陇西县,寇贼环境。"这时的环境已经被丰富为管辖地区,较之唐朝时期,丰富了不少。

3. 周围的自然条件和社会条件

到了中国近代,环境一词有了更加丰富的内涵,所表示的内容也不再仅仅是具体的地方大小。

蔡元培《〈鲁迅先生全集〉序》:"'行山阴道上,千岩竞秀,万壑争流,令人应接不暇';有这种环境,所以历代有著名的文学家、美术家,其中如王逸少的书,陆放翁的诗,尤为永久流行的作品。"茅盾《青年苦闷的分析》:"只有不断的和环境奋斗,然后才可以使你长成。"1989 年《睢县志·新城》:"1982 年睢县人民政府拨出专款对袁家山(袁可立别业)进行了修葺,辟设了图书馆,植树栽花,美化周围环境,风景宜人。"

"环境"历经数百年的发展,含义越来越丰富,而今有关学者对它的定义是:环境是相对于某一事物来说的,是指围绕着某一事物(通常称其为主体)并对该事物会产生某些影响的所有外界事物(通常称其为客体),即环境是指相对并相关于某项中心事物的周围事物。

既然环境是指主体所在的周围条件,那么对不同的主体和学科来说,环境的内容也不同。

对生物学来说,环境是指生物生活周围的气候、生态系统、周围群体和其他种群;对文学、历史和社会科学来说,环境指具体的人生活周围的情况和条件;对建筑学来说,是指室内条件和建筑物周围的景观条件;对企业和管理学来说,环境指社会和心理的条件;对化学或生物化学来说,是指发生化学反应的溶液;从环境保护的宏观角度来说,就是这个人类的家园地球。

我们通常所称的环境就是指人类的环境。人类赖以生存的环境由自然环境和社会环境(人工环境)组成。自然环境是人类生活和生产所必需的自然条件和自然资源的总称,即阳光、温度、气候、地磁、空气、水、岩石、土壤、动植物、微生物以及地壳的稳定性等自然因素的总和。而社会环境是人类在自然环境的基础上,为不断提高物质和精神生活水平,通过长期有计划、有目的的发展,逐步创造和建立起来的一种人工环境。

(二)环境的属性

从环境一词的发展来看,虽然它的词义一直被不断丰富,但始终都有周围空间范围内所有事物,并不是单指某一事物的意思,由此看来,环境具有整体性。另外,无论给环境加上什么样的

3

定语,它所指的周围事物都是有限度的,不可能无限包括,所以它还有区域性。根据这些,我们可以明确,环境具有下列属性:

(1)整体性:环境的各个要素之间具有相互作用关系,通过相对稳定的物质及能量流动构成一个有机的整体。

(2)区域性:不同层次或不同空间的环境要素在结构、组成、能量流动等方面具有相对的特殊性,即区域特征。

(3)变动性:在自然和人类的作用下,环境的内部结构及外在状态在不断变化之中。人类可以促进环境的良性发展,也可导致环境的恶化。

(三)环境的分类

环境分类一般按照空间范围的大小、环境要素的差异、环境的属性等为依据。

按照范围大小,环境从小到大可以分为居室环境、车间环境、村镇环境、城市环境、区域环境、全球环境和宇宙环境等。

按照环境要素的不同可分为大气环境、水环境、土壤环境、生物环境、地质环境等。

通常按环境的属性,将环境分为自然环境、人工环境和社会环境,这也是最常用的分类方法。自然环境,通俗地说,是指未经过人的加工改造而天然存在的环境。人工环境,通俗地说,是指在自然环境的基础上经过人的加工改造所形成的环境,或人为创造的环境。人工环境与自然环境的区别,主要在于人工环境对自然物质的形态做了较大的改变,使其失去了原有的面貌。社会环境是指由人与人之间的各种社会关系所形成的环境，包括政治制度、经济体制、文化传统、社会治安、邻里关系等。

我国宪法按照环境的功能进行划分，将环境分为生活环境和生态环境。生活环境是指与人类生活密切相关的各种自然条件和社会条件的总体，它由自然环境和社会环境中的物质环境所组成。生活环境的好坏与每个人生活质量息息相关。生态环境就是"由生态关系组成的环境"的简称，是指与人类密切相关的，影响人类生活和生产活动的各种自然（包括人工干预下形成的第二自然）力量（物质和能量）或作用的总和。

二、城市环境

城市环境是与城市整体互相关联的人文条件和自然条件的总和。包括社会环境和自然环境。前者由经济、政治、文化、历史、人口、民族、行为等基本要素构成；后者包括地质、地貌、水文、气候、动植物、土壤等诸要素。城市的形成、发展和布局一方面得益于城市环境条件，另一方面也受所在地域环境的制约。城市的不合理发展和过度膨胀会导致地域环境和城市内部环境的恶化。城市环境质量好坏直接影响城市居民的生产和生活活动。

由于人类活动对城市环境的多种影响，使城市环境表现出明显的特征。

1.城市环境具有最强烈的人为干预特征

城市是人口最集中，社会、经济活动最频繁的地方，也是人类

5

对自然环境干预最强烈、自然环境变化最大的地方。除了大气环流、大地地貌类型、主要河流水文特征基本保持自然状态外，其他自然要素都发生不同程度的变化，而且这种变化通常是不可逆的。城市建筑景观、城市道路、城市各项生产、生活活动设施等，使城市的降水、径流、蒸发、渗漏等都产生了再分配，也使城市水量与水质以及地下水运动发生较大变化。

2.城市的环境质量与城市经济社会的发展紧密相关

城市是由经济、社会、环境组成的复杂人工生态系统，经济、社会的发展与环境发展相互依存，相互作用。社会为发展经济、满足人民生活需要而开发环境，为了实现可持续的发展目标，还必须保护环境。环境作为一种资源，是人类经济社会发展的自然基础，所以环境问题实质是经济问题。若为了发展经济，以污染环境作为代价，这种发展是脆弱的，最终将限制生产，制约城市发展。城市作为一定地域范围内的政治、经济、文化、交通、教育、科技等的中心，其居民从事的社会活动与经济活动是城市的主要行为，这些人类行为对环境的影响是巨大的。因此，一个城市的规模和性质往往可以支配城市环境质量的好坏，而有目的地调整城市产业结构，是改善城市环境的主要手段。

3.城市环境污染，大多属于复合性多源污染

城市的特点是人口密集，工业高度集中。它每时每刻都进行大量的物质流动和转化加工，同时消耗大量的能源，如煤、油、电等。城市内部的分工愈来愈细，各系统功能日益复杂，一旦有某一环节失效或比例失调，都会造成污染物的流失。特别是在工业、交通职能日益增加的情况下,城市环境的污染性质已由过去单一的生活性污染变成工业、交通多源性污染。污染物繁杂,而且各种污染物的联合作用,加重了城市环境问题的复杂性。城市人口密集,污染物对人体心理和生理的危害最为严重,这种所谓"现代城市病",甚至侵害到人类的生物基因的变化。

4.城市环境问题可以通过调整人类行为得到改善

人类是智慧的、理智的生物。既然城市环境问题是由于人类自己的过失行为引起的,必然可以通过合理的管理、调整人类的需求欲望与行为准则,把病态的城市环境医治成优美、宁静、宜于人类长久生存的生态环境。

三、城市环境美化

城市环境美化涉及方方面面,包括建筑物的美化,街道的美化,公园和广场的美化,雕塑和灯饰的美化等。虽然每一种事物都有各自的特点,但是我们在各种事物的美化过程中,应当遵循共同的美的规律和法则。在遵循整齐划一、对称均衡、调和对比、节奏韵律、比例匀称等法则的基础上,力求多样统一,使诸多事物达到和谐的境界。

(一)城市环境美化的含义

对城市环境美化的具体含义可以从以下方面作进一步理解:

1.协调发展与环境的关系

7

城市环境美化的目的是要解决城市环境污染和生态破坏所造成的各类环境问题,保证城市环境安全,实现城市社会经济可持续发展。因此,建立可持续发展的城市经济体系、社会体系和保持与之相适应的可持续利用的资源和环境基础,便成为环境美化的一项重要内容,这也是城市环境美化的根本目标。

2.城市环境美化的核心是对人类行为的治理

人是各种行为的实施主体,是产生各种环境问题的根源。只有从治理人的行为入手,通过影响、改变和重塑人的经济生产、社会生活、消费等各种行为,才能有效解决各种城市环境问题。所以,人在环境治理中扮演着治理主体和治理客体的双重角色,具有决定性作用。城市环境治理的实质是要限制人类损害环境的行为,鼓励对环境友好的行为。

3.城市环境美化是城市治理的重要组成部分

城市环境美化涉及城市社会、经济、自然环境等所有领域。城市环境美化的内容非常广泛、复杂,与城市其他治理工作密切相关,相互影响,相互制约。因此,城市环境美化与城市治理系统之间是部分与整体的关系,这就决定了城市的发展计划、目标、途径、方法与城市环保的计划、目标、途径、方法的同质性和协调性。

(二)城市环境美化的重要意义

城市环境问题不是一个单一的社会问题,其与人类社会的政治经济发展紧密相关。城市环境问题在很大程度上是人类社会发展的必然产物。城市环境美化的重要意义表现在以下几个方面:

1.城市环境是人类生存和发展的基本前提

城市环境为我们生存和发展提供了必需的资源和条件。随着经济社会的发展,城市环境问题已经成为一个不可回避的重要问题。保护环境,减轻环境污染,遏制生态恶化趋势,成为政府社会管理的重要任务。对于我们国家,保护环境是我国的一项基本国策,解决环境问题,促进经济、社会与环境协调发展和实施可持续发展战略,是政府面临的重要而又艰巨的任务。

2.城市环境是城市经济增长的物质基础和制约条件

城市经济增长可能导致城市环境污染与破坏,但也只有在城市经济、技术不断发展的基础上,才能不断改善城市环境质量。城市环境美化的核心是遵循城市生态规律与经济规律,正确处理城市经济增长与环境的关系。在城市资源环境经济复合系统中,人处于主导地位,人类的经济活动对城市环境质量起到决定性作用。所以,城市环境美化的本质是影响人的行为,转变城市经济发展模式,在城市生态承载力范围内发展经济,在为满足城市居民物质文化需求而持续快速发展经济的同时,仍能保持良好的生态环境。

3.城市环境美化是当今社会发展的迫切需要

经济发展与城市环境常常矛盾重重,但两者又是能够统一的。经济发展带来了环境问题,但却增强了解决环境问题的能力;反过来,环境问题会影响经济的发展,但环境问题的解决,却为经济发展创造了更加有利的条件。一些工业发达国家改善环境的事实就证明了这一点。因此,只要认真对待,采取正确的政策,经济与城市环境是可以协调发展的。

目前,我国正处于经济快速发展时期,环境与发展的矛盾越来越突出。快速的城镇化进程,以环境为代价的发展模式使得越来越多的城市病显现出来:在工业化过程中,造纸、电力、冶金等重污染行业将继续发展,控制污染和生态破坏的难度加大;城市环境基础设施建设滞后,大量的垃圾与污水不能得到安全处置,地表植被受到破坏;在农业现代化过程中,化肥农药的过度使用和养殖业的快速发展将使耕地污染,持久性有机污染物防治任务更为艰巨。城市环境问题开始越来越多地阻碍着城市的发展,我们的城市环境急需美化。

城市环境的美化是以维护城区内的环境秩序和环境安全为基础,以此来实现城市经济的良性、环保、可持续的发展道路,在各级管理部门和国家政策的指引下,以法律法规为准绳,通过经济、行政、教育、技术等手段完善城市的环境保护工作,协调好经济发展与环境保护的关系,使人民的工作和生活达到健康和谐。

(三)城市环境美化的目标

在国家"十二五"规划中,对环境美化的目标总体描述是:加快建设资源节约型、环境友好型社会,提高生态文明水平。面对日趋强化的资源环境约束,必须增强危机意识,树立绿色、低碳发展理念,以节能减排为重点,健全激励和约束机制,加快构建资源节约、环境友好的生产方式和消费模式,增强可持续发展能力。

良好的城市环境是城市健康发展的必要条件,也是城市经济社会发展的内在要求。近年来,我国不断加大城市环境建设和管理的力度,取得了显著成效。但是,目前的城市环境与"十二五"规划中"加快建设资源节约型、环境友好型社会,提高生态文明水平"的要求还有一定的差距。要想保质保量地完成"十二五"规划的要求,城市环境美化应完成以下目标:

1.展现现代化进程中的城市形象

紧紧围绕"加快建设资源节约型、环境友好型社会,提高生态文明水平"这一总体要求,既要完成经济发展目标,又要实现城市美化任务;既要展现中国改革开放 30 多年来取得的辉煌成就,又要体现中华民族灿烂的文化成果;既要体现中国城市崭新形象,又要体现城市中人与自然的和谐统一。

2.创造良好的人居环境

坚持以人为本,把城市经济发展与提高人民生活质量结合起来,充分利用经济发展带来的机遇,加快城市基础设施建设,不断完善城市功能,创造舒适的生活环境和良好的工作环境,满足市民日益增长的对城市环境的需求,让市民在环境整治中得到更多的实惠。

3.体现朴素大方自然和谐的城市环境风格

城市环境建设要坚持简约,力避繁杂;坚持朴素,力避铺张;坚持实用,力避浮华;坚持自然,力避造作;坚持和谐,力避纷乱。实现美学价值和实用功能的统一,使城市风格既充满新鲜活力,又保持庄重大气,与新时代中国的国际地位相适应,与人民生活目标相协调。

（四）城市环境美化的任务

1.关注生态，进行城市的开发建设和生产组织活动

合理地利用城市土地，搞好城市的环境建设，建立一个相对稳定的城市生态系统。在保护自然资源与环境的前提下，合理地开发、利用自然资源，使资源消耗与资源增殖基本平衡。调整不利于城市环境的工业布局、经济结构、产业结构等等。通过企业调整、技术改造，对污染与破坏环境的单位，分别实行关闭、停业、合并、转产、搬迁，改革落后的工艺和设备，提高原材燃料的转化率，减少污染物的排放数量。

2.加强规划，从源头上把握环境美化的方向

通过城市总体规划、城市建设、城市改造，搞好城市的功能分区、城市绿化、城市区域供热和集中采暖、城市公共设施建设以及城市污水与垃圾处理，提高城市素质和人们现代化生活水准，消除城市环境污染的根源。

3.综合治理，系统安排环境美化措施

对已造成的环境污染与资源破坏，要采取有效措施，逐步治理与恢复。控制城市人口，加强文化教育工作，提高广大城市居民文化与科技水平和道德素养。

通过城市环境综合整治，既要建立起一个城市自然再生产与社会再生产相互协调的稳定系统，提高经济建设的科学水平，也要为城市居民创造清洁、优美、安静、舒适的劳动与生活环境。

（五）城市环境美化的内容

1.城市规划——城市环境美化的源头

城市规划对一定时期内城市的经济和社会发展、土地利用、空间布局以及各项建设的综合部署、具体安排和实施管理。城市规划的主要内容是依据城市的经济社会发展目标和环境保护的要求，根据上位规划的规定，在充分研究城市的自然、经济、社会等发展条件基础上，制定的城市发展战略和提出的规划引导措施。

2.城市建筑——城市环境美化的标志

建筑是城市的重要组成部分，它在构成都市人生活场所的同时延伸了城市功能。不同时代的科技和文化艺术发展水平凝聚于建筑之中，形成某些固有特征和特殊符号，向人们传达某些特定信息。因此，建筑也是一种承载社会文化的"信息符号"。矗立在我们身边的高大建筑物，犹如城市中的一件件精美雕塑，与城市的美丽环境交相辉映，在大地上默默地书写着城市的形象和精神。

3.基础设施——城市环境美化的载体

城市基础设施是城市经济社会发展的载体，现代城市给人们的生产、生活带来的便利性、舒适性和高效率都得益于城市基础设施的贡献。如何进行城市基础设施的美化，使其在城市环境美化中同样起到载体作用，是现代城市建设的重要任务之一。

4.生态环境——城市环境美化的根本

城市是人类社会活动的重要区域，城市的环境建设是实现可持续发展进程的一个重要的组成部分。在我国经济发展水平正在逐步提高,城镇化进程逐步加快的今天,我们要努力谋求城市发展建设与城市生态环境建设的最佳结合点,使城市建设与城市生态环境问题处于一种和谐状态之下,将城市建设成环境友好、资源节约、生态循环、生活富裕、城市与自然、人与城市和谐发展的现代化生态城市。

5.景观环境——城市环境美化的亮点

城市园林是城市景观环境的主体,是城市中唯一有生命的基本设施,具有其他设施不可替代的功效,是提高城市居民生活质量的必不可少的依托条件。美好的市容风貌,可以提升一个城市的文化品位与艺术内涵,可以使市民在优美的生态环境中修身养性、怡情益智,使人的发展与城市、自然协调发展,形成天人合一、共生共荣的和谐局面。

6.环境卫生——城市环境美化的保证

环境卫生是一个地方的"第一形象",是衡量一个城市是否美丽的重要标准,也是经济发展、文明程度、管理水平和人文素养最直接、最具体的表现。在新形势下,它不再局限于垃圾收运处理和道路清扫保洁,而是向"大市容、大环境、大卫生"的方向发展,形成一个包容着城市保洁、市容景观、环境保护、法制建设、市民公德建设的全面、综合的发展体系。

14

7.社区环境——城市环境美化的基础

社区环境是相对于作为社区主体的社区居民而言的,它是社区环境区主体赖以生存及社区活动得以产生的自然条件、社会条件、人文条件和经济条件的总和。社区环境的好坏直接影响到居民的生活质量,一个社区的外在景观环境更是城市景观形象的重要元素,影响到城市环境的美化,是城市环境美化的基础。

8.家庭环境——追求高品质生活的前提

家庭是社会的最小细胞,家庭的安定直接影响到社会的和谐,所以建设美化幸福家园,不仅是个体生活的需要也是社会文明建设的体现。家庭建设除了需要家庭成员自身努力等因素以外,家庭环境的建设则更为重要,它是用量化指标来评判和衡量的环境因素,良好的家庭环境无疑会有利于人们身心健康。

9.城市文化——城市环境美化的动力

一个城市有没有吸引力,不仅要评估其硬件资源如何,更要考量其软实力如何。"软实力"这一概念由美国学者约瑟夫·奈于1990年首次提出,"软实力是一种不同于传统可见的军事、经济、政治力量,而是依靠文化价值、生活方式等发挥出来的无形影响力。文化,是软实力的核心要素。"从可持续性的角度看,城市环境文明特色形象就是软实力的体现之一,也是城市魅力直接或间接的表现。

(六)城市环境美化的手段

1.环境行政手段

环境行政手段是实施城市环境美化政策的重要措施。环境行政措施主要通过环境行政管理实施。

环境行政管理包括行政许可和环境影响审查两种做法:一是行政许可和环境影响审查两种方法并用。其主要对象是一些危险或污染特别严重的设施或机构。二是重视开展环境影响评价,建立综合决策机制。环境问题重在预防,而预防的关键是必须开展环境影响评价,否则,一旦等问题产生后再来治理,就要付出高昂的代价。

2.环境经济手段

环境经济或手段是城市环境治理政策的主要内容。基于市场的环境经济政策手段包括:环境税、补贴、排污权交易、押金返还等。

所谓收费与税收,实际上是对污染支付的价格,这种支付至少会部分进入到私人的效益费用计算中。这种收费会带来对环境污染的抑制作用和增加地方或国家收入。所谓补贴包括各种形式的财政资助,其目的是鼓励削减污染,或者是为削减所必需的措施提供资助。所谓押金返还制度,其实质内容在于对可能造成污染的产品征收销售附加费。所谓建立市场意味着提供交易的机会或者创造交易的条件,交易对象一般为排污权或循环利用的物质。所谓执行刺激主要用于对违章者的经济惩罚。有两种方法:即违章收费、执行保证金。

3.环境立法手段

环境立法手段是规范城市环境治理的重要保障。环境立法包括中央立法与地方立法以及国际立法等,一般可分为环境行政立法、环境经济立法与环境刑事立法等。其中,环境经济立法中采用较为普遍的是环境保护费的征收、排污许可证及排污权的交易制度、经济刺激制度、税收和抵押金制度,以及环境发展基金、环境损害保险金等经济手段。

4.环境技术手段

环境技术措施或手段是城市环境治理定量管理的重要尺度。环境技术是指防治环境污染、环境破坏和改善环境的相关技术，一般包括专门的治污技术、环境管理技术、各种综合利用技术以及预防环境污染和环境破坏的技术。如污废水处理技术、固体废物处理技术、防治放射性污染技术、环境影响评价技术、环境监测技术、环境产品生产技术、环保技术的营销技术等。环境技术是环境法规的重要组成部分和技术支持，是排放限值标准制定的技术依据。

5.环境教育手段

环境教育措施或手段是落实城市环境治理内容的思想保障。环境教育就是使学习者认识和理解人同自然环境之间的关系，防止环境污染，将系统的环境科学知识予以大众化，提高全社会的环境意识。环境教育内容涉及自然、社会、技术、管理、政法等多种学科的知识，各学科领域都与环境科学兼跨、包容，具有较强的综合性。1972年联合国《人类环境宣言》指出"教育是环境发展过程的核心"，提出了"发展环境教育"的口号。环境教育由此已经成为世界各国学科教育的重要主题。

17

四、环境美化扮靓津城

建设城市，美化城市，出发点和落脚点就是为了老百姓的生活环境更加漂亮、舒适。生活环境的好坏，是民生问题，更是政府的责任。天津市第九次党代会以来,开展了前所未有的大规模市容环境综合整治,通过更加精细化的市容环境综合整治和城市基础建设两个"大手笔",对建筑、道路、河流、公园、绿化、景观、社区实施了全方位、高标准、精质量的"梳理",一个独具特色的现代化、国际性宜居的新天津展现在世人面前。

(一) 900 天市容环境综合整治

900 天市容环境综合整治,共综合整修道路 5400 公里,综合整治 32 个重点地区,整修建筑 2.4 万栋,完成 50 公里立体夜景灯光建设,新建提升改造绿地 1.44 亿平方米,新建改造公园 149 个,综合整治居民社区 900 余个,建设改造提升城市基础和公共服务设施 6800 余处,治理 162 公里排污河道,完成入市公路、高速公路、铁路沿线以及城郊接结合部整治任务,市容环境综合整治实现了全覆盖,天津变得越来越大气、洋气、清新、靓丽。

与此同时,天津市将市容环境综合整治作为重塑城市文化和环境艺术的平台,融入美学理念,追求形神完美,创新环境元素,承载中西文化,彰显城市魅力与开放、包容、创新的城市内涵,在天津城市发展史上留下了浓墨重彩的一笔,为实现天津市城市目标迈出了重要一步。

1. 独特城市风格的形成

坚持传承创新,注重艺术再塑。整治道路 323 条 2378 公里,管线入地 342 公里,整修建筑 1.1 万栋,新建改造绿地 3900 万平方米,新成了建筑文化融合协调、园林绿化生态艺术、主要道路畅达美观的风格,使天津彰显清新。

集中精力打歼灭战,努力形成现代大气、洋气特色。提升 28 条 60 公里重要道路,形成都市风格的城市精品线;整治 13 个节点建筑轮廓,形成了富有韵律的城市天际线;构建 35 公里的夜景灯光体系,形成绚丽多彩的城市夜景线;改造海河两岸,形成璀璨华丽的城市风景线;提升 3.5 公里商业街,形成繁荣繁华的城市黄金线。

大气、洋气的天津

2. 人民生活环境的改善

努力创造环境美,坚持一切为了人民。在这一过程中改造里巷道路 425 万平方米,修复破损道路 260 万平方米,整治社区 460 个,完善健身服务设施 2800 处,新建改造公园 51 个,完成老住宅楼节能改造 30 万平方米,实施平改坡 26 万平方米,调整室外机、加装空调罩 60 万个,规范窗护栏 22 万平方米,完善交通设施 2 万处,更新改造路灯 5000 座,配置马路家具 6000 处,整修农村公路 1000 公里。群众生活环境得到较大改善,综合整治已成为一项最大的民心工程。

3. 城市现代管理水平的提升

"两级政府、三级管理、四级网络"管理格局日益完善,市控区统、条块互动、高效运转的管理体制已经形成;城市管理规定颁布实施,"一部法规管城市"的刚性权威有效确立;"网格化定责、精细化管理、数字化管控、科学化考评"逐步落实,管理成效日益凸显。

(二) 海河治理

1.海河故道治理工程

海河故道治理工程西起咸水沽镇月牙河,东至津南环线,全长 3.5 公里,南北平均宽度约 200 米,占地面积 1136 亩,其中水面 326 亩、绿化 600 亩、建筑及道路 210 亩,总投资 2.5 亿元,2007 年底开工,现已基本完成。工程通过河道清淤、驳岸护砌、园林绿化、景观工程等建设,充分挖掘自然、历史和人文等素材,以沽水生态文化为纽带,串联码头商埠文化、运通风情文化和名人文化,再现天津独特的地域文化特征和深远的历史积淀。

2.海河沿线改造提升工程

海河沿线改造提升工程,从金刚桥至大光明桥段,全长 5.8 公里,以津湾广场为中心,向沿河上下游拓展,进一步协调风格、强化特色,整合旅游商贸服务业功能,把海河建成为最具代表性的标志性区域和最具活力的服务业亮点。海河沿线改造包括解放广场、新文化中心、意奥风情区、中心广场、津门津塔项目、津湾广场上下游延伸、嘉里中心及渤海银行、利顺德等八大节点,包括新建建筑、外檐改型、立面清洗、灯光提升、绿化工程等各个方面。

(三) 五大道历史风貌建筑区综合治理

　　根据天津市城市总体规划的要求，为切实保护天津"小洋楼"风貌建筑的历史遗产，自 1999 年至今，市人民政府组织有关部门对五大道历史风貌建筑区进行了综合治理，整修了 23 条道路及沿街历史风貌建筑 297 幢 27.3 万平方米，拆除沿街历史风貌建筑院内违章 2227 间 2.15 万平方米，基本实现了综合治理的阶段性目标。通过综合治理，改善历史风貌建筑的整体环境景观，使之与已整修的 23 条道路形成点、线、面的结合，实现五大道历史风貌建筑区非临街建筑院落综合治理的新突破，带动先农大院、庆王府等 6 个重点项目的建设，为五大道历史风貌建筑区的整体保护奠定基础。

综合治理后的五大道

第二章 城市规划
——城市环境美化的源头

随着经济的快速发展，我国已成为全球最大的建筑市场，城市建设如火如荼，每天都在发生着新的变化。城市规划在城市发展中起着先导和引领的作用，天津市近年来城市面貌的巨变，首先得益于"高起点规划、高水平建设、高效能管理"的思路，城市规划是城市环境美化的源头。

一、何为城市规划

"规划"是一个被普遍使用的术语，规划行为是一种无处不在的人类活动。规划不仅涉及城市建设领域，同时与各个行业的发展相关。一般来讲，规划是一种有意识的系统分析与决策过程，规划者通过增进对问题各方面的理解以提高决策的质量，并通过一系列决策来保证既定目标在未来能够得到实现①。

22

---

① 吴志强、李德华:《城市规划原理》(第四版),中国建筑工业出版社 2010 年版,第12 页。

城市规划可以理解为一种对土地、空间资源利用和建设活动实施综合安排、调控与管理的计划。

(一) 城市规划的主要内容

城市规划的主要内容是依据城市的经济社会发展目标和环境保护的要求,根据上位规划的规定,在充分研究城市的自然、经济、社会等发展条件基础上,制定的城市发展战略和提出的规划引导措施。

1.研究城市发展目标

通过收集和调查基础资料,从城市性质、城市规模、城市发展方向等方面,研究城市经济社会发展的目标。确定城市规划期内在一定地区、国家以至更大范围内的政治、经济与社会发展中所处的地位和所担负的主要职能[①];确定规划期内城市人口和城市用地总量的大小;确定规划期内城市在空间地域上主要发展的方位和趋势。

2.确定城市发展的空间布局

根据城市经济社会建设与发展的需求,研究确定城市各项建设的空间布局,包括立体空间的发展形态以及地下竖向空间的开发利用。合理选择城市各项用地,并考虑城市空间的长远发展方向,塑造良好的城市生态空间环境。

23

---

① 中国城市规划学会、全国市长培训中心编著:《城市规划读本》,中国建筑工业出版社 2002 版。

3.合理安排城市土地及空间资源

确定城市各项用地的使用性质、开发强度、绿地率、停车位,合理利用地上地下空间资源。城市规划的实质是对土地利用的安排,如果缺乏城市规划的统筹安排,城市用地必然无序发展,从而造成城市整体发展的混乱。因此,合理利用土地是城市规划的重要内容。

4.科学部署城市各项工程建设项目

城乡统筹发展,根据城市基本建设的计划,安排城市各项重要的近期建设项目。同时根据建设的需要和可能,提出实施规划的措施和步骤。

(二) 城市规划的特性

1.综合性

综合性是城市规划工作的重要特点。城市是一个庞大的综合体,它由多个子系统组成,主要包括经济产业、科研服务、基础设施、居住环境等子系统。各个系统都有它们自身发展的规律,在用地、空间组织以及建设活动方面,都有它们的要求与规律。城市规划的任务首先是尽可能地满足各系统在发展中对用地、空间组织和建设上的合理要求,促进各个系统的健康发展;同时,更重要的是要协调各系统间在发展中,在用地、空间组织和建设活动中的关系,促进整个城市的经济、社会发展与人口、资源、环境的可持续发展。

2.政策性和法制性

城市规划既是城市各种建设的战略部署,又是组织合理的生产环境和生活环境的手段,涉及国家的经济、社会、环境、文化等众多部门①。城市规划关系到人民的切身利益,所以必须以城市规划相关法律、法规和方针政策为依据。因此,城市规划工作者必须学习各项法律法规及政策,在工作中严格执行。

3.长期性和动态性

城市规划既要预计今后一定时期发展的要求,又要解决当前的建设问题。城市不断发展,影响城市发展的因素不断变化。因此,作为指导城市建设的规划需不断适应城市发展的需要,及时做出调整和补充。长期性、动态性是城市规划工作的重要特征。但是,城市规划一经批准,必须保持其相对的稳定性和严肃性。

4.实践性

城市规划的实践性在于规划要充分反映建设实践中的问题和要求,按规划方案进行建设是实现规划的唯一途径。规划的实践不仅要在时空层面上安排各项建设,而且要积极协调各项建设中出现的问题及矛盾。城市建设实践是检验规划是否符合客观要求的唯一标准②。

(三) 城市规划的价值观和理想目标

25

1.永续发展——基本价值观

近20年来,永续发展正逐渐成为城市规划的基本价值观。世

---

① 吴志强、李德华:《城市规划原理》(第四版),中国建筑工业出版社2010年版,第170页。
② 吴志强、李德华:《城市规划原理》(第四版),中国建筑工业出版社2010年版,第171页。

界环境与发展委员会对"永续发展"的定义是:"既满足当代人的需要,又不对后代人满足其需要的能力构成危害的发展。"因此,世界各国的经济和社会发展必须坚持持续性原则基础,城市的发展同样要坚持这一原则。

2.和谐发展——城市发展的理想目标

永续发展的核心是人类的生存,是人类生存的底线,和谐发展是为了追求更好的生存方式,不仅满足于基本的生存和发展,还可以在物质和精神层面得到尽可能的满足。追求人与自然的环境和谐、人与人的社会和谐、历史与未来的发展和谐,建立永续、和谐的城市生活环境。

二、城市规划的任务

关于城市规划的任务,各国由于社会及经济体制不同故有所差异,但其内容大致相似的。《大不列颠百科全书》中关于城市规划与建设的条目指出"城市规划与改建的目的,不仅仅在于安排好城市形体——城市中的建筑、街道、公园、公用设施及其他的各种要求,而且,最重要的在于实现社会与经济目标。城市规划的实现要靠政府的运筹,并需运用调查、分析和设计等专门技术"。

(一)城市规划促进经济、社会、环境的协调发展

城市规划是国家对城市发展的调控手段,通过对城市土地和空间资源的调控促进经济发展与社会、人口、资源、环境相协调,

以实现永续、和谐的城市发展目标。

城市经济的特征是第二、三产业的聚集，合理的聚集能产生巨大的经济效益。城市规划正是安排包括经济产业等在内的各项空间用地结构，形成相对合理的城市整体空间结构。

城市规划研究社会问题，主要是在规划编制中，确定城市的社会发展目标，将社会问题与经济发展问题联系，涉及城市发展中的人口、就业、居住、公共服务设施、市政设施以及环境保护等诸多方面。城市规划从宏观层面上分析城市社会发展与城市经济和城市建设的关系，对城市各项设施提出规划建设的主要目标和布局原则。从微观层面上通过城市设计、详细规划控制社会服务设施的开发强度、绿地率及空间环境控制等。

（二）城市规划引导土地合理化利用

珍惜用地、合理用地、保护耕地是我国的基本国策，其中保护耕地是主要目的之一，合理用地是核心，是城市规划中土地空间利用科学性的本质体现。通过对城市土地的工程地质、地形等自然条件的研究及评价，确定适宜的城市建设用地。此外，应该在综合研究经济、社会发展基础上，对城市用地分等定级，统筹安排各类城市用地，以达到"优地优用"、提高城市土地利用效率的目的。

（三）城市规划创造良好的居住环境

居住是城市的基本功能之一。居住包含家居、休憩、健身等活动,需有相应的生活服务配套设施、道路、绿地及必要的基础设施。科学合理地创造一个满足日常生活所需的安全、舒适、优美的居住环境,是城市规划的基本任务之一。比如,住区规划要选址在合理地段,满足城市功能布局、就业岗位的总体要求。同时应便于到达、避免灾害、与公共服务设施临近等,为城市居民创造舒适健康的居住环境。

(四) 城市规划提供完善的基础设施配套方案

城市水、电、气、热是维系城市正常运转的基本条件。应当供多少、如何解决水源、采用什么方式供应、占地多少等都是城市基础设施规划需要研究的问题。城市基础设施规划就是研究确定城市交通、供水、排水、供电、供气、供热等设施规模、技术标准,制定相应的建设政策和措施,协调各专业规划之间的关系,为新旧设施提供合理的用地和环境空间。

(五) 城市规划构建便捷的交通服务体系

便捷的交通体系可以提高居民出行效率,能够实现城市中各种人员和货物的自由移动。只有当城市交通发展到一定水平时,人们才能参与多样化的活动,为城市带来活力。

城市交通可以分为两部分,即城市交通和城市对外交通。前者主要是城市内部的交通,包括城市道路、停车场、公共交通系统等;城市对外交通主要是城市与外部联系的交通,如铁路、水路、航空、管道等运输方式。加强城市内外交通的联系,提供高效便捷的交通体系是城市交通规划的主要目标。

(六) 城市规划创造良好的生态环境

城市规划涉及城市生态环境的内容,主要是城市园林绿化系统规划、环境保护和污染综合整治规划。这些规划的主要任务是对一定时期内的城市有关自然资源的合理开发利用及环境保护提出规划的目标、对策和措施。其目的在于为城市提供良好的生态环境,实现城市的永续发展。

(七) 城市规划营建城市防灾减灾系统

城市是财富和人力的聚集地,对于自然灾害,城市应采取措施,立足于防。城市防灾工作的重点是防止城市灾害的发生,以及降低城市所在区域发生的灾害对城市造成的影响。城市防灾系统主要由城市消防、防洪(潮、汛)、抗震、防空袭系统及救灾生命线系统等组成。城市防灾工程系统规划的任务是确定城市各项防灾标准,合理确定各项防灾设施的等级、规模;科学布局各项防灾设施,制定防灾设施统筹建设、综合利用、防护管理等的对策与措施。

三、城市空间构成元素

(一) 城市土地利用

城市的环境质量与城市土地利用紧密相关,土地利用又受自然基地特征的影响。

1.自然形体要素

天津海河文化广场

城市所在地区的自然形体常常是城市特色所在。其中河岸、湖泊、山丘等都是城市形态的构成要素。城市规划把城市所处的自然基地特征精心组织，就可以形成有特色的城市空间。如广西桂林"山、水、城一体"的城市空间,天津海河形成的文化景观空间。

不同自然气候的差异也对城市格局和土地利用产生很大的影响。如热带和亚热带地区,由于气温高、湿度大,就可以开敞、通透,组织夏季主导风向的空间廊道,增加一些开放空间;干热地区的城市建筑(如非洲一些国家)为了防止大量热风沙和强烈日照需要采取比较密实的建筑形态布局。

2.土地的综合利用

城市是人力和物力聚集的场所,现代城市为了提高城市的土地使用效率,要对土地进行综合的开发和使用。时间和空间是土地综合使用的基本变量,尽量避免土地在时间和空间上的浪费。比如我们可以重新改造利用旧建筑,把大广场改成尺度宜人的游憩场地,综合利用地上、地下、地面空间等。

(二) 城市空间格局

城市空间格局是城市物质空间的集中体现,清晰的空间格局能让人易于感知城市空间的逻辑关系,并帮助人们识别城市方位、把握城市特征。

1. 空间格局的典型模式

归纳总结城市发展的模式大概有以下四种:一是中心集结型。这种模式在城市发展中最早出现,一般把市民活动的公共场所(如市政厅、教堂、广场等)置于中心,通过体量或尺度上的处理使其成为城市的视觉与心理中心[①]。今天很多城市属于这种布局模式,如成都、大连等城市。二是条带延伸型。这种格局一般沿主要道路或河流走向,串接布置建筑、绿化、道路等要素,形成一系列景观空间变化。城市的主要功能、景观、公共活动沿交通线展开,这类模式在规模不大的小城市中较为常见。三是格网型。《考工记》中"匠人营国,方九里,旁三门,国中九经九纬,经途九轨,左祖右社,面朝后市",体现了轴线与格网的理性结合。如老北京城、西安空间格局都利用了格网的等级关系体现向心与庄重。四是自

31

---

① 王建国:《城市设计》,中国建筑工业出版社 2009 年版, 第 131 页。

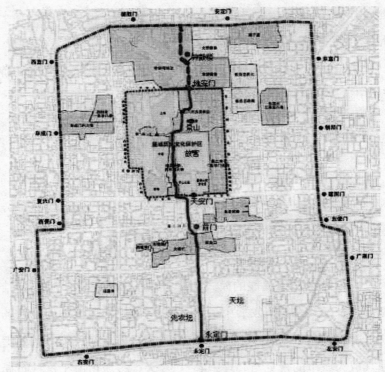

北京城市格局

由生长型。这种格局往往结合地形地貌,强调道路的柔和顺畅以及建筑的自由布局,一般将道路及人行路线与自然景观有机结合,形成较为丰富的城市景观。

2.空间格局的构成要素

1960年美国著名的城市设计学者凯文·林奇基于居民对城市特色环境认知规律的研究,概括出城市空间格局的五个特色要素:路径、节点、边界、标志和区域。

路径:城市路网系统是城市环境构成的主要骨架,是城市活力之所在。城市道路应有特色：如以车行为主的城市快速路、主干路、次干路，应保证线型顺畅，景观与建筑要大气；而以生活性为主的支路或步行街，就应构建宜人的尺度，空间需要丰富多变。

边界：一般由河流、公路或铁路构成。对于城市外来人员，可以通过观察了解他即将进入或经过的城市；对于当地居民，可以在此游憩。所以城市的边界是城市形象的展示窗口，应注重其环境设计。

节点：节点指城市路网的交汇点，或大量人流聚集的场所，如广场、车站、码头等，这些节点直接影响城市的形象，所以需要注意构成节点的建筑风格、材质色彩、形体组合。比如被誉为城市

天津海河解放桥

"客厅"的意大利圣马可广场,通过钟塔、教堂、图书馆等建筑的组合,形成著名的城市特色景区。

标志:标志指城市中明显突出,用于识别方向和区位的建筑物与构筑物,如高层建筑、重要桥梁、电视塔等,这些标志为人们提供方向感,易于成为城市的特色景观,如巴黎的凯旋门,上海电视塔、天津海河多座极具特色的桥梁。

区域:指具有一定社会经济或自然要素意义的地区,主要包括城市公共中心、经济开发区、历史保护片区等。城市公共中心一般是城市的行政中心或商业中心,现在还有商务中心(CBD)、文化中心、体育中心等。这些区域可为城市居民提供休闲、社交、购物、办事的场所,这些区域需要在城市规划层面解决好交通、服务设施的基础上,加强中心区域的整体性、综合性、可识别性。比如北京的故宫片区、上海的陆家嘴片区、天津的五大道片区等,都有很强的整体感和可识别性。

(三) 城市道路交通

游客旅行国外初次访问某个城市时,首先得到的恐怕就是城市的交通图。地图导航详细注明了道路的名称。正如著名美国品论家简·雅各布斯在《美国大城市的死与生》中所述:"当我们想到一个城市时,首先出现在脑海里的就是街道。街道有生气城市也有生气,街道沉闷城市也就沉闷。"街道是旅客评价一个城市的标志。

1.城市路网对城市形态的影响

良好的地理位置和发达的交通网络是城市地区地价和空间

结构调整的主要动因①。为充分发挥土地的利用效率，促进用地的合理发展，现代的城市中心由原来的以工业、居住为主，逐渐演变为商业、金融、办公和信息服务为主的商务功能。但是职能的聚集也带来城市环境交通的拥挤与堵塞，导致中心环境恶化。

同时城市交通方式也直接影响城市的规模，马车时代的城镇发展一般较小，而目前的汽车时代，促使城市可以向外大幅度扩展。城市由原来的十几平方公里发展到现在的几百平方公里。

2.城市道路的景观特性

城市道路的空间景观，除了比例与尺度、韵律与变化、对比与协调等视觉美学上的要求外，还具有空间领域性、空间连续性等特性。

空间领域性：城市道路作为个体生活像城市空间领域延伸的主要环节，具有一种外向导引性。比如北京的四合院片区就形成"房、院、巷、道路、城市"对应的"私有空间、半私有空间、半公共空间、公共空间"层次梯度。

空间连续性：城市道路的空间连续性是人们感知城市整体意象的基础，可识别的道路应该具有连续性。道路的连续性，可以通过道路的绿化、建筑布局、建筑色彩及道路交通环境设施等的连续性设计来实现。

3.城市道路的景观组织手法

城市规划中对道路组织的一般要求包括，道路本身应是积极

35

---

① 王建国:《城市设计》,中国建筑工业出版社2009年版,第38页。

的环境视觉要素,如对多余的视觉要素和景观的处理、道路所要求的开发高度、林荫道及要强化的道路中的自然景观;道路应使驾驶员方便识别空间方位和环境特征, 如城市整体的道路设计中的景观体系和标志物的视觉参考、沿道路提供强化环境特征的景观。

(四) 城市开放空间

1.开放空间的定义和职能

对于开放空间的界定,国内外学者对此解释不尽相同。开放空间是城市发展中最有价值的待开发空间, 它一方面可以为未来城市的再成长做准备; 另一方面也可为城市居民提供户外游憩场所。凯文·林奇这样描述:"只要是任何人可以在其间自由活动的空间就是开放空间。开放空间可分两类:一类是属于城市外缘的自然土地;另一类则属于城市内的户外区域,这些空间由大部分城市居民选择来从事个人或团体的活动。"综上所述,开放空间是指城市的公共外部空间,具有以下几方面的特性:

大众性:服务对象是社会公众,非少数人享用;

开放性:不能用围墙或其他方式封闭起来;

可达性:对于人们是可以方便进入到达的。

城市开放空间主要具备以下职能:

一是提供公共活动的场所,提高城市生活环境的品质;

二是维护人与自然环境的协调,体现环境的永续发展;

三是完善文化、教育、游憩职能,有机组织城市外部空间,合理引导市民行为活动。

2.开放空间的特征

凯文·林奇在《开放空间的开放性》一文中曾指出,开放空间正因为它开阔的视景才强烈对比出城市最具特色的区域,它提供了巨大尺度上的连续性,从而将城市环境品质与组织做了很清晰的视觉解释。连续性是外部空间体系的基本特征,它更多地意味着系统各部分之间的一体化联系,即自然河道、公园绿地、广场空间、水域等都可以形成连续系统。在城市尺度上,河道和主干道也可以成为主要的起连接功能的开放空间。

3.开放空间的设施和小品

环境设施是城市外部空间中供人们使用、为人们服务的一些设施。完善的环境设施会给人们带来许多便利,给人们提供休息交往的方便,避免不良气候给人们生活带来的不便。美国著名景园建筑师劳伦斯·哈普林曾这样描述到,"在城市中,建筑群之间布满了城市生活所需的各种环境陈设,有了这些设施,城市空间才能方便使用。空间就像是包容事件发生的容器;城市则如一座舞台、一座调节活动功能的器具。如一些活动指标、临时性的棚架、指示牌以及供人休息的设施等,并且还包括了这些设计使用的舒适程度和艺术性。换句话说,它提供了这个小天地所需的一切,这都是我们经常使用和看到的小尺度构件"①。

37

---

① 劳伦斯·哈普林著,许坤荣译:《城市》,台北尚林出版社 2000 年版,第 51 页。

4.开放空间的选址与设计

在设计实践中,开放空间的规划设计往往比较注重公众的可达性、环境品质和开发的协调性,重视综合的环境效益。开放空间在城市范围内的区位选择主要涉及两方面的内容:场地的自然特性和场地的交通条件。

场地的自然特性既包括地形、地貌、水文、地质等状况,也包括周边的环境影响和树、石等自然要素,具体选址时应遵循"是否适合于开发建设"的原则,比如悬崖峭壁地段就不利于开发。

场地的交通条件主要体现在场地相对于周边干道的接近度及其之间的联系路径(即可达性)上。相比较而言,临近交通干道有便捷联系的开放空间,其辐射面往往能吸引更大范围内的使用者,产生综合效益,带动整个城市公共活动。

总体来说,开放空间及其体系是人们从外部认知、体验城市空间,也是呈现城市生活环境品质的主要领域。现在,开放空间的设计需要城市规划与建筑、土木、景观等专业紧密结合,同时还需要政策、需要合作。正如美国著名学者塔史尔所言:开放空间的意义不在于它的量而在于如何设计,并处理得与开发相联系。

(五) 建筑形态

1.建筑形态与城市空间

建筑作为城市空间构成中最为主要的决定因素之一,其体量、尺度、比例、空间、功能、造型、材料等均会对城市空间环境产生重要的影响。城市空间环境中的建筑形态至少具有以下特征:

（1）建筑形态与气候、日照、风向、地形地貌、开放空间具有密切联系。

（2）建筑形态具有表达特定环境和历史文化特点的美学含义。

（3）建筑形态与环境一样，具有文化的延续性和空间关系的相对稳定性。

（4）建筑形态与人们的行为活动紧密相关。

建筑只有组成一个有机的群体时才能有利于形成良好的城市环境。英国建筑师弗雷德里克·吉伯德曾指出"我们必须强调，城市设计最基本的特征是将不同的物体联合，使之成为一个新的设计，设计者不仅需要考虑物体本身的设计，而且要考虑一个物体与其他物体之间的关系"①。

2.建筑形态的设计原则

建筑形态设计总的设计原则大概有以下几点：

（1）建筑设计及其相关环境的形成，不但在于成就自身的完整性，而且在于其能否对所在地段产生积极的环境影响。

（2）注重建筑物形成与相邻建筑物之间的关系，基地的内外空间、交通流线、人流活动和城市景观等，均应与特定的地段环境文脉相协调。

（3）建筑设计还应关注与周边的环境或街景一起，共同形成整体的环境特色。

---

①　弗雷德里克·吉伯德著，程里尧译：《市镇设计》，中国建筑工业出版社1983版，第2页。

(六) 城市色彩

1.城市色彩设计的意义

色彩作为一种视觉形象要素,在城市建设和环境改善中有突出的作用。城市色彩反映城市历史与文化。从北京紫禁城的红墙黄瓦到皖南民居的粉墙黛瓦,可以看出城市色彩包含大量的历史和文化信息,建筑是向未来传承城市历史文化信息的重要载体。

城市色彩可以辅助城市空间的形成。建筑界面作为城市空间的限定因素,可以通过形体的配合和公共空间周边的色彩协调,来建构城市空间的个性,延续城市的文脉和场所感,并承载传统文化、社会经济、风俗习惯等,从而达到改善城市色彩、空间尺度和环境质量的目的。

2.城市色彩设计的原则

(1)城市色彩要体现城市空间结构的整体美。城市色彩需从整体上把握,由于建筑群、道路、桥梁、花卉等都有自身的色彩,通过人工装饰色彩与自然色彩之间的关系处理,可以将各类色彩和谐地组合起来。一般城市色彩首先选择主色调,然后在不同功能区搭配辅助色调,使城市色彩在统一和变化之间取得平衡。

(2)城市色彩设计要传承文脉。丰富多彩的民族传统为人们提供了取之不尽的素材,也造就了各地城市不同的色彩特征。红墙黄瓦的故宫建筑群,加上青瓦灰墙的四合院民居,构成了北方皇城的气势,苏州的粉墙黛瓦、石板路石桥与绿树、水色构成了江南水乡的城市特色。

(3)城市色彩设计要考虑气候条件及与自然环境的协调。一般来说,相对寒冷的北方地区,采用暖色系如红砖清水墙,有助于营造温暖的环境氛围, 在相对炎热的南方地区宜采用浅色调,如白色、浅灰等。

(4)城市色彩设计要考虑建筑的功能性质。不同功能的建筑场所,具有不同的空间氛围,对色彩也有不同的要求。居住建筑以恬淡、柔和、安全的色调为主,高层住宅以稳重、和谐、明朗的色调为主;金融商业办公建筑,主色调应选用稳重、大气的中性或偏冷、灰色为主的复合色;行政办公建筑主色调可采用低彩度的灰色或明度比较高的冷色。

3.城市色彩的控制引导

城市色彩主要由两部分构成:其一是建筑色彩,指城市色彩中众多建筑物的群体色彩;其二是场所色彩,是与建筑色彩相互补充的环境色,包括铺地、街道设施、绿化等的色彩。

在城市色彩的设计中,首先按照城市设计的原则将城市进行特色分区,然后确定不同地区的目标定位,再利用相应的色彩控制引导方法进行设计。

41

四、城市典型空间类型

（一）城市道路空间

1.道路的功能

道路是城市基本的线性开放空间，道路的主要功能包括两个方面，其一是到达目的地的通道与途径；其二可以为市民提供休闲、散步、生活的场所。道路根据级别不同所承担的功能也有所侧重。大部分城市按照道路承担的交通流量不同将道路划分为不同的等级。等级越高，承担的交通职能越显著，如城市快速路、主干道上，车行流量大，步行及休闲空间少；等级越低，车行流量越小，供人们步行休憩的空间越多。

巴黎香榭丽舍田园大道东段林荫道

2.道路空间的相关要素

（1）比例。人们对于道路空间的感受很大程度上通过道路宽度与沿街建筑的比例获得。对于大部分道路而言，上述比例为1至2的比值时，道路空间存在着一种均衡、匀称关系。对于交通量较大、路幅较宽的道路，如快速路、主干道等，可以运用行道树或灌木对道路断面进行细分，弱化道路的空旷感。

（2）道路线型。城市道路线型基本上分为直线型和曲线型两种。直线型道路空间视线通畅，交通流量和速度相对较大较稳定基础设施管线铺设便捷，大多数城市道路尤其是交通职能比较重要的道路多采用直线型。从景观上来说，直线型道路可以通过两侧对称的空间布局，营造庆典、纪念、迎宾等具有特殊意义的城市线型空间。比如，巴黎香榭丽舍田园大道是一条经典的直线型道路，它以圆点广场（Rond-pointes Champs Elysees）为界分成两部分：东段是条约700米长的林荫大道，以自然风光为主，道路是平坦的英式草坪，绿树成行，鸟语花香，是闹市中一块不可多得的清幽之处。西段是长约1200米的高级商业区，雍容华贵也是全球世界名牌最密集的地方。世界一流的服装店、香水店、靠近凯旋门一段商店最多。如果天气晴好，望到尽头便是到闻名遐迩的凯旋门。每年的国庆，都是在这条大道上庆祝[1]。

曲线道路可以通过方向转变创造出丰富的景观空间，比如中世纪的欧洲小镇、云南的丽江古城，在曲线的道路中行进可以令

43

---

① 资料来源：百度百科。

人持续兴奋。曲线道路多用于两种情况：其一是交通功能弱的城市支路、步行街等；其二是地形的需要，如山地、滨水地区等。

（3）沿街建筑。沿街建筑是构成道路空间的垂直界面，对行人的空间体验有重要的影响。

首先，沿街建筑的功能宜保持一定的连续性。相同的功能不仅有利于建筑底部外立面的整齐，同时有利于形成良好的生活氛围。

其次，沿街建筑的屋顶轮廓线也是构成道路空间景观的重要因素。高度一致的塔楼檐口可以给车行人流以规整的空间感受，所以，对于同一条道路，除标志性、特殊性建筑以外，其余建筑宜形成一个基本的高度标准。

此外，沿街建筑的外墙面宜相对规整。凹凸不一的外墙面不利于形成道路的整体感。沿街建筑色彩与材料对道路的形象也有较大的影响。如天津五大道地区沿街建筑多以砖红色为主，形成统一协调的道路空间。

（4）铺装、植被与道路设施。路面铺装对于道路空间的整体效果具有重要的影响。车行道路空间一般多采用灰色沥青与混凝土。人行道路铺装可以有一定颜色和材质的变化。

树木和绿地是城市道路空间有机的组成部分，提供视觉连续性，通过地域性植物色彩、形态与季节的变化形成独特的街道景观。通常道路植被与道路性质保持一致，一般道路交通等级越高，栽植的高度与规整程度也越高，如银杏、悬铃木等；生活性道路宜种植体积偏小的小乔木和灌木，如垂柳、夹竹桃等。

此外，道路相关设施，如护栏、路墩、指示牌、座凳、垃圾箱、候车亭等,必须通过研究确定适当的数量,需要注意各种设施色彩、外形等方面的协调统一,增强道路的景观艺术效果。

(二) 城市中心区

1.中心区的特征

城市中心区从显性结构看,处于城市中心位置。中心区拥有向四方辐散的秩序。从隐性结构看,它是政治、经济、文化、交通、信息和生活的中枢。城市中心区人口集中,信息密集,科技含量高,建筑密度高,功能交复重叠,交通流线穿梭,地价昂贵。城市中心区的功能结构包括公共建筑及其组合关系（如性质、空间、界面、时代性、地域性、个性）,交通组织(如车行、人流的组织),景观环境(如环境与空间的关系、标志性的识别、风貌特色的定位、欣赏价值与艺术性)和人的参与(如文化性、生活性、参与性、场所精神)。中心区承担着城市的政治、经济、文化等职能,所以,在物质和经济形态上多数是公共建筑和商业建筑。中心区往往处于城市道路系统的中心位置,土地使用方式紧凑,是城市居民商业、文化、娱乐的聚集点。

2.中心区形态与功能

传统的中心区空间多为单核形式,一个城市有一个中心,随着城市规模增大和功能的复杂化,中心区呈现出功能复合化与逐步分级的发展趋势。在较大的城市中出现行政、商业服务、文化娱乐等单一职能为主的多个中心。根据规模不同还出现了市中心、区中心、居住区中心等。

在空间形态上,城市中心既有向心围合性,又有对外开放性。在空间上,表现为块状和带状布局,块状是各功能布局道路围合的街区组织,带状是各功能沿道路线性发展。

中心区的功能强调功能多元化,有利于丰富市民生活。同时注重空间的紧凑度,即将功能相近的商业、服务业集中在一起,既方便商业服务业本身的运营,也有助于人们活动的连续性。

3.中心区的交通系统

(1)多层次的立体交通系统。中心区交通流量大,用地极为紧张,所以近年来除了地面交通的紧凑处理之外,还发展地下交通和空中轨道,形成地下铁路、地面交通、空中轨道的立体交通体系。我国北京、上海、南京等城市的中心区均形成较为快捷的立体交通体系。

(2)公交优先策略。如果对大城市中心区内的小汽车发展不予限制,就很难解决交通拥堵的问题。为了解决交通压力,建立一

苏州工业园区圆融时代广场

个迅速、便捷、舒适的大运量公共交通系统是较为明智的选择。

（3）注重步行环境的建设。城市中心区拥有大量的人流，人们的活动多数以步行为主。在建筑之间的连接处可以架设一些空中步道，增强步行的安全感和便捷性，尽量减少车流的冲突。此外，在步行区域内还应设置绿化、水体、休息座椅等，营造出舒适宜人的中心区环境。

(三) 城市广场空间

1.城市广场的特征

广场空间的形态与分布随其功能、级别以及城市规模的不同表现出不同的特征。城市广场按使用功能可分为政治性（如天安门广场）、生活性、专项功能性（如交通广场）等几种类型。通常广场的级别越高，在城市中的数量越少，级别越低数量越多。一般分为城市级广场、片区级广场、社区级广场。一般市民步行至邻近广场距离不宜超过 1000 米。

2.城市广场的选址与布局

一般广场的选址有以下特点：

（1）城市重要、特殊的建筑区域附近，如政府大楼前的市民广场、体育场馆前的休闲疏散广场、商业区附近的休闲集散广场等。

（2）某些空间序列的节点位置，如城市轴线上的道路广场、步行街的节点广场。

（3）城市交通枢纽前的广场，如火车站、汽车站前广场等。

（4）社区广场，这类广场交通可达性好，临近有一定规模的居住区。

3.广场的空间围合与层次

广场通过周边的垂直界面影响广场的围合感,有单面、两面、三面、四面等多种围合形式。其中,四面和三面的围合封闭感较好,也是常见的围合形式,三面围合的广场较为宜人,两面围合的广场领域感较弱,空间有一定的流动性。单面围合的广场封闭性差,容易使使用者产生不安定感。

广场围合的垂直界面类型主要包括建筑、树木、柱廊等,其中建筑是空间限定的主要因素。建筑界面包括界面材料、界面的附加物、界面的功能等。界面材料包括质感、颜色、图案等,界面的附加物包括阳光、阴影、爬藤、树木等,界面的功能,如商店、餐厅、娱乐等服务业功能的界面活力远高于住宅、仓库等。

4.广场的环境设计

广场空间的环境设计可以从绿化、铺装、水体与设施等四方面。

(1)绿化。绿化是城市广场中的软质景观,起着造景、防灾等作用。广场绿化中需要讲究绿化栽植的艺术性。根据景观立意与空间布局要求,结合地形地貌,形成层次分明的绿化景观效果。同时注重绿化栽植的科学性,充分考虑广场植物的生态习性与后期维护,尽量选择管理方便的乡土植物品种。

(2)铺装。在广场铺装选材上,要具备一定的强度、透水性及方便更换性,同时表面不易打滑。在图案处理上,铺装通常具有整体性,边界清晰,形成富有变化但不杂乱的视觉效果。

(3)水体。在气候条件稍温暖的城市,水体是重要的户外环境的重要塑造因素。通过水体的流动、喷发、跌落会给人带来亲切感。目前,很多广场上出现了旱式喷泉,让人在广场上可以与水嬉戏,喷泉关闭时,人还可以在广场上休息玩耍。

(4)设施。广场设施主要指花坛、座凳、灯具、垃圾桶、指示牌、雕塑、廊架等附属设施。它们为市民提供可识别的休憩空间,同时也可以点缀烘托环境气氛的人文价值,体现广场空间的生活性、趣味性、观赏性。

(四) 城市绿地空间

1.城市绿地的功能

城市绿地应便于市民到达并进入,以自然植被和人工植被作为主要形态,可满足市民观赏、休闲的需要,通常称为公园或游园。工业革命以前,多数城市规模相对较小,各种天然的农田、林地、沼泽地等开放空间保持良好,环境污染问题不突出。工业社会的到来使得城市规模与数量急剧扩大,环境问题突出,大面积的城市绿地被侵占与破坏,公园建设成为缓解城市环境问题的重要举措。

2.绿地设计的原则

绿地设计的主要原则包括:便利舒适、景观丰富、生态效益等原则。

(1)便利舒适原则。绿地设计首先通过调研了解绿地空间使用者的情况,包括年龄构成、生活习惯、户外活动规律,从而确定其休息、散步、游戏等主要的服务功能,在此基础上把绿地空间划分为尺度、形状、私密程度不同的适宜的空间,以满足人们使用的便利与舒适要求。

（2）景观丰富原则。绿地空间的景观要素主要包括地形、植物、休闲建筑三种。地形是指地势的起伏变化，不同类型的地形适宜不同的活动类型。平地适宜站立、聚会等休憩活动，瘠地呈线状分布，具有导向性，是布置道路的理想地形。植物是绿地空间的最主要的景观要素。植物品种丰富、外形多样。大小上有乔木、灌木、地被、草坪之分。相同的植物在不同季节和生长期，其色彩、叶子疏密都不相同。结合实践演替及多种植物的聚集搭配效果，形成丰富的植物景观。休闲建筑，如亭、廊、榭、桥、塔、台等，可以为各种休闲活动提供风雨庇护，营造出别致的空间感受。

通过搭配与调整以上景观要素，同时结合地方历史人文资料，可以形成系列的空间景点。

（3）生态效益原则。绿地空间对城市环境具有重要的生态贡献。一般情况下，城市原有自然的绿化与地貌生态性最好，充分利用现状地貌与植被应优先考虑。城市绿地的植物宜选择适应当地气候、土质的乡土植物。为保证城市的综合生态效益与绿化效果，速生植物与慢生植物搭配种植。同时从城市生态的角度，城市绿地空间不宜盲目使用过多的草坪，而建议采用复式的植被结构。

3.绿地空间的发展趋势

（1）公共开放化趋势。国外大部分的绿地空间都采用公共开放形式，我国有些城市公园也陆续开放，但还是存在一部分收费形式的绿地公园。价格门槛的设置降低了绿地空间的开放程度。

（2）室内化、立体化趋势。现代城市用地相对紧张，土地已被大量的交通设施和高密度的建筑物挤占，所以近年来城市绿地呈现出室内化、立体化的发展趋势。室内绿地主要指中庭等建筑内部空间及建筑底部架空形成的室内空间,这些空间虽然为建筑私有空间,但是延伸到了城市的开放空间。目前许多国外城市进行了立体绿化空间的尝试,如日本、德国等,北京在 2008 年奥运会之前也对屋顶进行了大面积绿化。

(五) 城市居住区空间

1.城市居住区的功能与发展

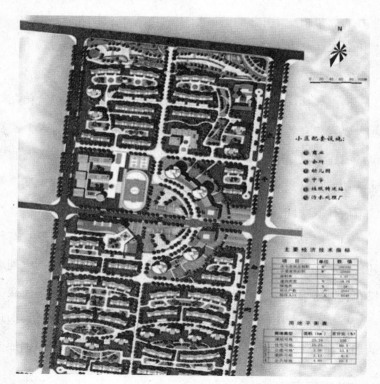

辽宁铁岭柴河新区某小区规划图

51

居住是城市主要功能之一,居住区是城市中以居住需求为主导目标的城市功能区。居民的居住生活包含着居住、休憩、教育养育、交往、健身、甚至工作等活动,也需要有生活服务等设施的支持。居住区空间的质量直接影响着居民的生活质量。从用地组成上可分为住宅用地、公共服务设施用地、道路用地和公共绿地等几部分①。

我国城市的居住区建设在不同区域、不同时期表现有不同的形态特征,有古代都城的里坊式、传统的大街—里弄结构式、借鉴西方的邻里概念、引介前苏联居住街坊式布局、小区—组团结构形式。逐渐呈现出多样化、特色化、立体化、均好化的发展趋向。

2.居住区的空间要素

城市居住区的空间主要表现为物质空间,又分为自然和人工两大要素。自然要素指地形、地质、水文、气象、植物等;人工要素包括由建筑物、构筑物等组成的各种空间。物质空间由于人的生活活动使其又具有了精神要素特征。下面从物质空间的角度说明城市居住区空间的要素。

(1)住宅建筑群体空间布局。住宅群体的平面布局形式有行列式、周边式、混合式、自由式等。行列式是住宅建筑成行成列地排布,彼此间可能会有所错位和进退,形成错接、斜接或是弧接关系,是一种较常用的布局形式;周边式是住宅建筑沿着每一地块的周边布置,在沿街形成连续闭合界面的同时,也在内部围成向

52

---

① 李德华主编:《城市规划原理》(第三版),中国建筑工业出版社 2011 年版,第364—365 页。

心性的活动空间;混合式是以上两种形式的结合形式;自由式布局是结合地形、在照顾日照、通风等要求的前提下,成组自由灵活地布置。"辽宁铁岭柴河新区某小区规划图"采用了行列式为主体的布局形式。住宅群体空间组合上可以通过空间对比、形成韵律与节奏、运用比例与尺度、搭配色彩,以及绿化、道路、建筑小品的运用,形成丰富的居住空间,满足不同的生活功能需要。

(2)交通组织。城市居住区的交通组织包括人、车通行组织的动态交通与各种车辆停放的静态交通组织,尽可能地避免人、车之间的矛盾。

居住区的道路按功能和等级可分为居住区级路、小区级路、组团级路和宅间入户路等。不同的道路具有不同的特征:居住区级路和小区路以车行为主,线型顺畅,充满动感特征;组团级路和宅间入户路以人行为主导,强调生活气息与宜人尺度,空间多变,构成丰富。

出入口即有交通集散和管理的功能,衔接城市道路与居住区道路,同时还是居住区空间景观和形象表达的重要节点[①]。居住区出入口应有一定的开敞空间用于居住区内外交通的缓冲空间,出入口大门及所属构筑物形态应与居住区整体空间形态保持一致,并便于居住区的日常管理。

停车空间应包括机动车和非机动车的停放。近年来由于机动车的快速增长,机动车的停放成为困扰众多居住区的问题。除利

53

---

① 王建国:《城市设计》,中国建筑工业出版社 2009 年版,第 223 页。

用传统的地面停车外,应充分利用建筑和绿地等的地下空间作为机动车的停放空间,并处理好机动车的进出线路及机动车与人行的转换。

(3)绿地景观。居住区绿地是居民日常集中活动、游憩交往的节点空间,是居住区最具魅力的空间,直接影响着居民的生活互动和区域的环境品质。应具有开放性、可达性、大众性和功能性的景观环境。

居住区绿地应遵循因地制宜、整体为先、风格协调等原则,充分利用自然地貌、山水环境、气候特征,因势利导、顺应天然,创造独具特色的环境空间。合理搭配硬质景观(建筑、道路、广场铺地等)与软质景观(树木、花卉、水体等),体现空间主题与气质。强化水平与垂直绿化,精心布局小品设计。

居住区绿地的各组成部分应具整体性,各功能空间是通过各种路径(步行道、自行车道和林荫道等)相连的有机体,互补互助,相辅相成。可以在整体立意下分别打造景观和休闲区段。比如说中心广场的健身群舞、滨水区的戏水垂钓、绿荫树阵下的静思阅读、花架长廊下的棋牌大战等等①。

(4)建筑形态。住宅建筑是居住区空间的主体,容易形成简单重复的单调风格。住宅建筑应通过多元化和特色化形成自己的空间特征。

户型空间和外观形象的多元化,即可满足不同居民的使用需

54

---

① 王建国:《城市设计》,中国建筑工业出版社 2009 年版,第 224–225 页。

求,又可结合我国多元地域文化形成居住区独特的风格。通过某一特定空间形式的重复,也可形成和强化居住区的空间个性。比如一组围合成院落形式的住宅在居住区平面布局上多次重复,构成居住区整体的空间特色。

第三章　城市建筑
——城市环境美化的标志

　　建筑是城市的重要组成部分,它在构成都市人生活场所的同时延伸了城市功能。

一、建筑类型

　　建筑是一种容纳人群活动的"容器",它在人与自然之间构筑起一道人工屏障, 使得其内部具有不同于外界环境的适居条件, 从而保证人类在这个"容器"中能够进行日常起居、餐饮、学习、工作和娱乐等活动。不同时代凝聚于建筑之中的科技和文化艺术发展水平,形成某些固有特征和特殊符号,向人们传达某些特定信息。因此,建筑也是一种承载社会文化的"信息符号"。

　　按建筑物的使用功能分类,建筑可以分为生产性建筑和非生产性建筑两大类。其中,生产性建筑指工业建筑、农业建筑等;非生产性建筑即民用建筑,包括公共建筑和居住建筑两大类型。工业建筑指的是各类生产用房和为生产服务的附属用房,如厂房车间、产品仓库等。农业建筑指各类供农业、牧业、渔业生产使用的房屋,如植暖房、粮仓、养猪场,农业上用为储存种子的用房等。公共建筑指供人们工作、学习、生活等进行各种公共活动的建筑,如文化馆、博物馆、商场、学校等。居住建筑指供人们居住使用的建筑,如住宅、公寓、宿舍等。

(一) 民用建筑按使用功能分类

居住建筑和公共建筑按建筑类别可进一步细分如下:

表 3-1 民用建筑的分类

分类	建筑类别	建筑物举例
居住建筑	住宅类建筑	住宅、公寓、老年人住宅等
	宿舍类建筑	职工宿舍、职工公寓、学生宿舍、学生公寓等
公共建筑	教育类建筑	托儿所、幼儿园、中小学校、高等院校、职业学校、特殊教育学校等
	办公类建筑	各级党委、政府办公楼、企业、事业、团体、社区办公楼等
	科研类建筑	实验楼、科研楼、设计楼等
	文化类建筑	剧院、电影院、图书馆、博物馆、档案馆、文化馆、展览馆、音乐厅等
	商业类建筑	百货公司、超级市场、菜市场、旅馆、餐馆、饮食店、洗浴中心、美容中心等
	服务类建筑	银行、邮电、电信、会议中心、殡仪馆等
	体育类建筑	体育场、体育馆、游泳馆、健身房等
	医疗类建筑	综合医院、专科医院、康复中心、急救中心、疗养院等
	交通类建筑	汽车客运站、港口客运站、铁路旅客站、空港航站楼、地铁站等
	纪念类建筑	纪念碑、纪念馆、纪念塔、故居等
	园林类建筑	动物园、植物园、海洋馆、游乐场、旅游景点建筑、城市建筑小品等
	综合类建筑	多功能综合大楼、商住楼等

57

(二) 民用建筑按建筑层数和高度分类

住宅建筑按层数分为低层住宅、多层住宅、中高层住宅及高层住宅,具体划分方法如下表:

表 3-2　住宅建筑的分类

类别	低层住宅	多层住宅	中高层住宅	高层住宅
层数	1 至 3 层	4 至 6 层	7 至 9 层	10 层及 10 层以上

公共建筑一般按建筑高度分为低层建筑、多层建筑、高层建筑以及超高层建筑,具体划分方法如下图。

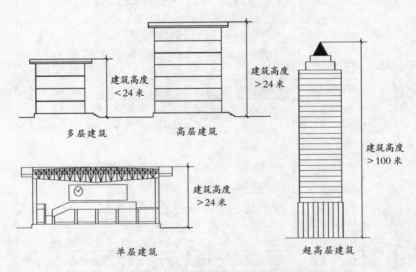

公共建筑高度分类

建筑是人类文明的产物,是社会文化,技术及经济发展的结晶。随着人类社会的发展,建筑也在不停地发展变化。了解建筑的分类,有助于我们进一步了解各类建筑在城市环境中所扮演的角色。

二、建筑风格

建筑风格是人类社会历史长期发展的产物，分类颇为复杂。从世界大区域来划分，建筑可以分为西方建筑风格和东方建筑风格。西方建筑风格又有罗曼建筑风格、哥特建筑风格、巴洛克风格和洛可可风格等不同风格。在东方建筑中，中国风格、日本风格、朝鲜风格、东南亚风格等也各不相同。

（一）东方建筑风格

东方建筑以中国传统建筑风格最为突出，日本建筑、朝鲜建筑都是受中国影响后发展起来的。

中国传统建筑在各个朝代风格有所差异，如汉魏质朴，隋唐豪放，两宋秀逸，明清典丽；各民族建筑也有很大差异，如藏族建筑、维吾尔族建筑、蒙族建筑等；区域上北方建筑、江南建筑、岭南建筑等也有区别。尽管各建筑形式有所不同，但使用最广、数量最多的还是木构架承重建筑，它代表了中国传统的建筑风格。

中国传统建筑以木构架为主要结构体系。分为穿斗式（多见于我国南方地区）、抬梁式（多见于我国北方地区）、井干式（多见于我国东北与西南地区）。

屋顶是建筑重要的组成部分，由于其形式的可识别性明显，在中国传统建筑中屋顶形式也有明确的等级制度。

59

表3-3 中国传统建筑屋顶分类

五种坡顶	坡顶概念性定义	图示
庑殿式 （四阿顶）	四面坡	
歇山式 （九脊顶）	上部为悬山，下部为庑殿	
攒尖式	屋面在顶部交汇于一点， 形成锥形	
悬山式 （挑山顶）	两面坡两端悬出	
硬山式	两面坡两端不悬出	

(二)西方建筑风格

表 3-4 天津近现代建筑风格的分析

类型	实例	建筑风格简介	图示
罗曼建筑风格	天津老西开教堂（位于和平区滨江道独山路交口处）	平面呈拉丁十字形，塔楼三座，由红、黄砖砌筑而成，内部华丽多壁画。	
哥特建筑风格	天津望海楼教堂（位于天津市河北区狮子林桥）	有三个塔楼，由青砖木砌筑而成。建筑竖线条居多，给人以挺拔向上之感。	
文艺复兴建筑风格	原华俄道胜银行天津分行大楼（位于解放北路与大同道交口）	砖木结构。棕红色的穹顶统领全局，窗户有规律的进行排列，庄重大方。	
折中主义建筑风格	天津市劝业场（和平区和平路与滨江道相交处）	主体五层，局部七层，转角处有塔楼。钢筋混凝土框架结构。该建筑具有明显的折中主义风格。	
现代建筑风格	天津环球金融中心（和平区大沽桥畔）	天津环球金融中心，高337米。外部玻璃幕墙采取多折面的折纸造型，形状乖巧轻盈。造型设计为风帆。	

61

1.古典主义建筑风格

(1)罗曼建筑风格(罗马式建筑风格)。盛行时间:10 至 12 世纪。罗曼建筑风格特点:平面为拉丁十字式(平面呈十字形,竖道比横道长)、西面有 1 至 2 座钟楼、线条简单明确、造型重厚敦实。

(2)哥特建筑风格。盛行时间:12 至 15 世纪。哥特建筑风格特点:建筑造型中锋利、垂直的线条居多,给人以升腾的动感。

(3)文艺复兴时期的建筑风格。盛行时间:15 至 17 世纪。文艺复兴时期的建筑风格特点:一般以穹顶为中心,采用古典柱式,显示出庄重、华贵、典雅的审美趣味。

(4)巴洛克建筑风格。盛行时间:17 世纪。巴洛克建筑风格特点:炫耀财富、追求新奇。

2.新古典主义建筑风格

盛行时间:18 至 19 世纪末。新古典主义的设计风格就是经过改良的古典主义风格。包括古典复兴(古希腊、古罗马建筑复兴)、浪漫复兴(哥特建筑复兴)、折中主义(任意选择与模仿各种风格并进行组合)。天津劝业场明显受折衷主义的影响。

3.现代建筑风格

盛行时间:当今。现代建筑风格特点:运用新材料,新技术,建造适应现代生活的建筑。现代建筑的风格比较多样化和个性化。最具代表的是以钢筋混凝土、钢材、玻璃等材料修建的新型高层摩天大楼。

三、风貌建筑与标志性建筑

　　风貌建筑和标志性建筑是一个城市建筑里必不可少的重要组成部分，它们是一个城市的灵魂，是凝固的历史。风貌建筑和标志性建筑是典型的建筑，他们和环境的有机融合、相互映衬才有了一个地域的特有风貌。风貌建筑可以认为是历史风貌建筑，以天津为例，按照《天津历史风貌建筑保护条例》的定位，历史风貌建筑是："建成50年以上，在建筑样式、结构、施工工艺和工程技术等方面具有建筑艺术特色和科学价值；反映天津历史文化和民俗传统，具有时代特色和地域特色；具有异国建筑风格特点；著名建筑师的代表作品；在革命发展史上具有特殊纪念意义；在产业发展史上具有代表性的作坊、商铺、厂房和仓库等；名人故居及其他具有特殊历史意义的建筑。"

　　天津以其悠久的历史孕育了浓厚的文化氛围，风貌建筑不胜枚举。大概可分为以下几种：

　　（1）中国传统特征建筑。严格按照中国传统的形制建筑的建筑，主要为寺庙，官衙等，如蓟县独乐寺等。

　　（2）欧洲古典复兴主义特征建筑。多是以古希腊古罗马及文艺复兴时期的建筑范式为摹本，如原开滦矿务局办公楼、原中法工商银行等。

63

原中法工商银行

（3）折中主义特征建筑。既有欧洲典型的集仿主义建筑，也有中西合璧的折衷。天津大多数风貌地标建筑属于此类，如五大道名人故居、利顺德大饭店、原英国俱乐部等。

五大道地区拥有 20 世纪二三十年代建成的具有不同国家建筑风格的花园式房屋 2000 多所，建筑面积达到 100 多万平方米。其中最具典型 300 余幢风貌建筑中，英式建筑 89 所、意式建筑 41 所、法式建筑 6 所、德式建筑 4 所、西班牙建筑 3 所、还有众多的文艺复兴式建筑、古典主义建筑、折中主义建筑、巴洛克式建筑、庭院式建筑等。

孙殿英旧居

马连良旧居

天津劝业场位于和平区滨江道交口的商业中心区,建于1928年。建筑框架为五层楼房,局部八层,高33米,占地面积约3000平方米,建筑面积16500平方米,由法籍工程师穆乐设计,建筑带有折衷主义色彩。曾是天津最大的一家商场,是天津商业的象征。

天津劝业场

（4）现代风格建筑。运用的新结构、新材料的建筑,如天津环球金融中心等。

天津环球金融中心(津塔):由世界著名设计团队 SOM 设计,津塔写字楼单层面积达 2000 至 3600 平方米,高度达 336.9 米,成为中国长江以北地区的第一高楼,并在中国已建成的摩天大楼中排名第 7 位,在世界已建成的摩天大楼中排名第 25 位。津塔为全钢结构超高层建筑,外形设计吸收了中国传统元素,呈风帆造型,塔基略小,中部稍大,上部逐层收缩,而外部的玻璃幕墙运用纵向多折面的折纸造型,削减了超大建筑体量的沉重感。

标志性建筑与风貌建筑既有相同点也有不同点,标志性建筑的特点是:①具有特殊功能的建筑;②有国家或者世界公认著名建筑师设计;③在城市或区域特殊地段、关键的节点或比较有争议性、敏感性的地区;④有重大历史事件或与特定的历史性人物有关成为一种纪念性标志性的建筑;⑤与一些重大偶发事件有关。

从更大范围看,全国各地存在大量标志性建筑,不仅有故宫、长城,各地民居(如客家土楼、四合院、陕西窑洞、西藏碉楼等),更有许多优秀的现代建筑,如北京 2008 年奥运会主场馆"鸟巢"、上海环球金融中心、深圳地王大厦等。

故宫于明代永乐十八年(1420 年)建成,是明清两代的皇宫,世界现存最大、最完整的木质结构的古建筑群。总体布局为中轴对称,布局严谨,秩序井然,寸砖片瓦皆遵循着封建等级礼制,彰显出帝王至高无上的权威。

中国地域广阔,有 56 个民族,地理文化的差异,造就了不同的居住风格,各有特色,反应了地域文化和中国各民族的智慧。典型的代表有如福建客家土楼、北京四合院、陕西窑洞、西藏碉楼等。

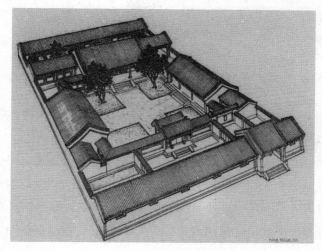

北京四合院

福建土楼

　　2008 年中国北京奥运会主场馆, 由著名建筑师赫尔佐格、德梅隆与中国建筑师李兴刚合作完成设计, 建筑面积 25.8 万平方米,可容纳 8 万观众。设计者们别出心裁的把结构暴露在外,人们形象地称之为"鸟巢"。

鸟巢

坐落于黄浦江畔的东方明珠广播电视塔,与外滩隔江相望,由上海现代建筑设计集团设计。塔高 467.9 米,曾经是亚洲第三,世界第五高塔,是上海著名的标志性建筑。

上海东方明珠广播电视塔

深圳地王大厦

深圳地王大厦共 69 层,总高度 383.95 米,建成时曾是亚洲第一高楼,也是全国第一个钢结构高层建筑,是深圳重要的标志。大厦由美国建筑设计有限公司张国言设计事务所设计,宽与高比例为 1∶9,创造了世界超高层建筑最"扁"、最"瘦"的世界纪录。

四、建筑之美

建筑(architect)一词源自西方,由 archi 和 tect 两个词根所组成,archi 这个词根源自古英文——最伟大,精美的意思,tect 则是技术的含义。将两个词根合并在一起,我们可以理解成建筑即美的意思。

帕提农神庙

伊瑞克提翁神庙

(一) 典 雅 之 美

西方建筑起源于古希腊。富于想象力和创造力的希腊将人类的优美典雅赋予给了建筑,他们认为建筑应该和人一样,有男性,也有女性,甚至还有少女。在现在遗存下来的世界上最伟大的宗教建筑——雅典卫城中,我们不难发现这个特征。雅典卫城主要由帕提农神庙,伊瑞克提翁神庙,雅典娜胜利女神庙组成。帕提农神庙就是男性的代表,象征着力量与征服,供奉着雅典城的守护神雅典娜。整个建筑宏伟巨大,长 70 多米、宽 30 多米,被多立克式列柱所环绕。与此形成鲜明对比的是秀气典雅的伊瑞克提翁神庙,这座建筑均采用了被称为女性柱的爱奥尼柱式所构建。这种柱式的特点是比较纤细秀美,柱身充满着细腻多姿的凹槽,柱头有一对向下的涡卷装饰。

多立克柱式　　　　　　爱奥尼柱式　　　　　　科林斯柱式

　　古希腊三大柱式除去上面两种,剩下的即是被称之为年青少女的科林斯柱式。它实际上是爱奥尼克柱式的一个变体,两者各个部位都很相似,比例比爱奥尼克柱更为纤细,同时柱头用毛茛叶纹装饰替换爱奥尼亚式的涡卷纹。

佛罗伦萨大教堂

圣彼得大教堂

在接下来的时间里,建筑发展延续着这种典雅精神,特别是在文艺复兴时期,建筑的人文典雅之美再次达到了高潮。以此为代表的是伯努内列斯基的佛罗伦萨大教堂,又名圣母百花圣殿。直径达 50 米的建筑圆顶居世界第一,展现着完美的构图与比例,能容纳 1.5 万人同时礼拜,被誉为文艺复兴的报春花。文艺复兴时期的又一杰作是米开朗琪罗参与设计过圣彼得大教堂,整个建筑讲究秩序和比例,拥有严谨的立面和平面构图以及从古典建筑中继承下来的柱式系统。影响到现在,我们同样可以发现这种长久以来的建筑典雅之美,在我们身边——天津,五大道地区就有着媲美全国的万国建筑博览会建筑群,散发着各种时期古典建筑的优雅气息。

五大道地区洋楼

(二) 高度之美

建筑对于高度的狂热追求最早可以追溯至哥特时代,哥特建筑给人的第一印象就是高耸削瘦之美,其中最有名的莫过于巴黎圣母院。

巴黎圣母院

18 世纪前后,随着工业革命的产生,建筑技术有了飞跃的发展,新材料、新结构、新的施工方法产生,这些都刺激对建筑高度之美追求的更加强烈的表现,尤其是在经济发达、技术领先的美国。第一座高层建筑是 1885 年完成于芝加哥的"家庭保险公司大楼"。1909 年建成的纽约"大都会人寿保险公司大楼",成为人类有史以来第一座突破 200 米的摩天大楼。自此,建筑高度的记录便不断被打破。1931 年,建成了 391 米的帝国大厦建筑。

伴随着 20 世纪中东地区的经济发展,这一地区开始成为新

家庭保险公司大楼 　　大都会人寿保 　　　帝国大厦
　　　　　　　　　　险公司大楼

一轮高层建筑建设。以迪拜塔为代表建筑高达 160 多层,总高 818
米,表面采用大约 2.8 万块外层板,大楼所使用的电梯更是世界上
最快的电梯,最高时速可以达到 64 公里每小时。

(三)雄壮之美

建筑的雄壮之美,可以追溯到公元前三千纪埃及的吉萨金字
塔群。吉萨金字塔群位于埃及尼罗河三角洲的顶部,是奴隶社会
古埃及国王的陵墓,为了追求永恒,在广袤的沙漠中,盎然矗立起
方锥形的纪念物,高大、稳定、沉重、简洁。金字塔融合了人们对自
然最原始的崇拜。

75

埃及金字塔 　　　　　　　君士坦丁凯旋门

随着文明的发展,建筑的雄壮纪念性依然高唱凯歌,除去建筑背后的意识形态,展现的就全是雄壮建筑带给我们最原始的直观美学感受和感情心绪的澎湃激荡。4世纪古罗马的君士坦丁凯旋门就是为了炫耀侵略战争的胜利而修建。

如果说欧洲建筑的雄壮是用石头表达,那么中国建筑的雄壮则是用木材展示。现存最古老、最完整的木构架建筑是山西五台山上的佛光寺大殿,它就像一位历经风霜的长者,时间褪去身上的浮华,却沉淀出伟岸古朴的神韵。佛光寺大殿是唐朝遗风,保留着原来的面貌。屋顶采用等级最高的庑殿顶,斗拱硕大,出挑深远,梁柱比较粗壮,比例非常协调,与元明清的古建筑相比,则显得简洁大方。

故宫太和殿

北京故宫(清朝的紫禁城)虽单个建筑的比例不及佛光寺大殿雄壮,但其却胜在建筑群体的组合。北京故宫是现存最庞大的最完整的木构架建筑群,始建于明永乐四年(1406年),历时14年,仿造明南京的宫殿制度,壮丽宏伟而过之。东西宽760米,南北深960米,周围以护城河环绕。按功能分为内廷和外朝两大部分,外朝又包括"三殿"(太和殿、中和殿、保和殿)、文华殿和武英殿,建筑的规格形制采用的是最高等级,主要是朝会议事之处。内廷则以乾清宫、交泰殿和坤宁宫为中心,是皇上和妃嫔起居生活的主要场所。城内建筑按照等级进行布置,极尽装饰华丽,外墙面一律以红墙琉璃瓦作为皇家建筑的标志。大气磅礴,秩序井然。紫禁城把封建王权烘托到极致,体现了帝王的雄伟壮丽,不可侵犯。

具有雄壮之美的中国古代建筑还有世界八大奇迹之一的万里长城,它的修建最早是在战国时期,诸侯国为抵御北方的匈奴的入侵,结合自然地形修筑人工防御屏障。长城在随后的各个朝代都有修建,现存的长城就是明代长城的遗物。如果航拍长城,就像一条巨龙在崇山峻岭之间蜿蜒盘旋,龙是中华民族的图腾,所以长城从某种意义上也是中国的象征。

长城

(四) 力量之美

建筑有雄壮之美,更有力量之美,作为竞技比赛之用的体育建筑最能表现这一点。古罗马时代的斗兽场就是体育建筑最早的

77

雏形，是古罗马文明的象征。椭圆形的平面，长半径为 188 米，短半径为 156 米。斗兽场开启了最早的体育建筑观看形制。建筑有四层，首三层都有柱式的装饰，依次为多立克柱式、爱奥尼柱式和科林斯柱式，第四层是围墙，能同时容纳 5 至 8 万人观看比赛。

古罗马斗兽场

代代木体育馆

1964 年建成的代代木体育馆是为第 18 届奥林匹克运动会而准备的,由日本建筑师丹下健三设计,建筑外形类似海螺,动感而具有张力,达到材料、结构、功能、比例的高度统一。当时的奥委会主席布伦戴奇称赞说:这个作品激发了运动员的力量。

(五) 舒适之美

从古至今,人们对建筑舒适度的不懈追求一直是住宅发展演变的重要动力和终极目标。现代主义建筑大师赖特用流水别墅很好地诠释了住宅建筑的舒适之美。

第四章　基础设施
——城市环境美化的载体

城市基础设施是城市经济社会发展的载体,现代城市给人们的生产、生活带来的便利性、舒适性和高效率都得益于城市基础设施的贡献。传统上关于城市的美,人们主要关注的是绿地、景观、公园、标志性建筑等,城市基础设施之美以及对其的美化往往被忽视,暴露于地表的管网、布满城市上空的电线、简易的排水泵站等,常显得与城市之美不相和谐。如何进行城市基础设施的美化,使其在城市环境美化中同样起到载体作用,是现代城市建设的重要任务之一。

一、城市基础设施的重要意义及未来发展

(一) 城市基础设施建设的重要意义

1. 城市基础设施带来的城市集聚效益是城市中心作用的重要条件

城市始终都是一个地区政治、经济、文化的发展中心,城市之

间虽然在规模、作用的范围等方面有所不同,但其发展速度都远大于其周边地区。城市综合经济的高效益,是由城市基础设施提供的物质条件决定的。城市基础设施的发展,促进了城市各部门分工的发展,城市的分工进一步提高了城市的生产力,使城市的集聚经济效益充分发挥。城市对周围地区作用的大小,主要看它对周围地区的辐射力和吸引力的大小,而辐射力和吸引力又同基础设施状况和水平紧密联系。

2.良好的城市基础设施建设推动城市发展,保障居民生活水平

城市基础设施是城市各种生产要素集聚的物质基础,是城市存在和发展的物质条件,也是城市与农村的重要区别的标志。城市现代化的生产和生活所需要的能源、交通道路、邮电通信、上下水等都是由城市基础设施供给的。城市基础设施的建设水平直接决定着城市生产和生活的发展水平,一些设施如防火、防洪、防震等还担负着保证城市安全的作用。城市基础设施作为城市运转的共同承载体,其承载力与城市经济规模和质量之间存在动态的平衡关系。城市基础设施必须在数量、质量和结构上同城市的发展速度保持一致或超前发展。

良好、完善的城市基础设施为城市居民创造环保、优美、舒适的工作条件和生活环境,提升居民生活质量,增强城市居民对城市的向心力和凝聚力,从而促进城市经济的发展。

3. 健全的城市基础设施建设是城市形象树立和招商引资的重要硬件指标

城市基础设施建设是城市投资环境非常重要的组成要素。

一般而言,一个城市的投资环境可以分为硬环境和软环境两大类。硬环境主要是指较易进入人们视觉的因素,具有较强的物质性,包括城市设施环境、城市气候环境、城市地理环境、城市生活环境等。软环境则是指易被人们用心感觉的因素,具有较强的精神性,如一个城市的诚信环境、服务环境、制度环境、文化环境、文明环境等。

城市投资的硬环境与城市基础设计建设情况息息相关,是吸引投资的基础因素。拥有发达的基础设施,可以吸引和培育高技术高附加的产业(例如金融业,高新技术产业),创造和持续创造更多的价值。

4.城市基础设施发展水平影响城市经济发展和竞争力

足够的、完善的基础设施系统是区域经济的重要保障。城市基础设施中的交通运输网络、通信信息网络、水电供应网络及各种基础设施网络,是区域经济的一体化和可持续发展的基础条件。

基础设施的发展规模和水平,影响到社会产品供给的数量和质量,进而影响到区域竞争力乃至国家竞争力。城市经济、社会发展的规模和城市基础设施的承载力存在着有机的比例关系。美国经济学家沃尔特·罗斯托(Rostow Walt Whitman)将基础设施称为社会先行资本。在一个国家经济高速增长期之前,必须具备一定的社会基础设施条件,这是其他行业发展的基础。世界著名的德国发展经济学家艾波特·赫希曼(Hirshman.A.O)认为,对基础设施和公用事业的疏忽,将构成经济进步最严重的拖累,基础设施投资是经济发展的必要保障。

良好的城市基础设施能够为城市各行各业创造更好的生产条件。城市经济中行业虽然繁多,但是电力、燃气是所有企业都需要的动力,水是所有企业生产都需要的原料或辅料,道路交通设施也是所有企业吸引投资和运送产出的基础条件。另外,城市基础设施对城市经济的促进作用还体现在就业方面。随着城市经济社会化和现代化水平的逐步提高,基础设施逐步分离出来,形成独立的产业部门,城市越发展,城市的基础设施就越重要,其对于就业方面的促进作用也越明显。

5.城市基础设施建设是国防建设的重要构成要素

在某种意义上,城市基础设施还具有半军事性质,当战争爆发时要能够直接为军事服务。因此,可以将城市基础设施建设看作国防力量的组成部分。

基础设施中交通运输、邮政通信、能源管道等设施,在战时关乎国家和民族的安全和利益。例如重要交通干线、机场、港口码头、车站的进出口通道,应当采取应急工程技术措施,预留抢修迂回路线的位置。因此,国家对城市基础设施应重点支持和保障。

(二) 城市基础设施建设与可持续发展

1987 年,世界环境与发展委员会首次提出可持续发展的概

83

念,1992年,在里约热内卢召开的联合国环境与发展大会上"可持续发展战略"成为各国共识。它的核心是发展既满足当代人的需求,又不影响后人的生存和发展。基础设施对城市而言,如同人体的血脉、经络,其完善程度、技术水平、质量标准,直接影响城市整体功能的发挥及可持续发展。表现为如下几个方面:

1.适度超前

城市基础设施因其工程规模相对较大、施工周期相对较长,且具有一定的规模效应,一旦建成如需拓宽增容,代价昂贵,还会对其他设施的运转造成影响。如:被称为"亚洲第一弯"的上海延安路高架外滩下匝道,投资13.4亿元,设计使用寿命100年,却因外滩地区交通综合改造之需,建成不足11年便被拆除。因此,规划上要提高科学预测性,建设上要适当超前和留有余量。

2.系统综合

城市基础设施不是简单意义上的配套工程,而是一个由众多独立行业部门组成的城市网络系统。如地下管线敷设,若协调不好,易出现反复开挖、重复建设及浪费资金现象。特别是在城市化和区域经济一体化发展的要求下,规划设计的决策更是要超越单体项目,着眼长远和全局。

3.永续发展

吸取发达国家的经验教训,避免重走"先污染后治理"的弯路,作好"绿色基础设施"的规划建设,使其可循环、可持续、可改进,为低碳生态城市的建立奠定物质基础。

(三) 未来的基础设施建设

新一代城市基础设施建设,应新在"规划",新在"绿色",新在"管理"。它跳出以往只谈支持人与物顺利通往的道路、公园、下水道等硬件设施建设的局限,把支持城市顺利活动的能源、资源的有效利用,地震灾害时能有效救助的信息通信网等非物质的软件基础设施,摆到重要位置并进行建设。

1.制定高标准的城市规划

城市规划是政府引导城市发展的重要规制手段,必须综合考虑城市系统结构中的各种因素,根据不同发展阶段提出相应的规划战略,以规划预防和医治"城市病",实现城市的可持续发展。

为实现高标准规划的目标,必须转变传统的规划理念。

(1)标本兼治的理念。即妥善处理近期与远期、需要与可能、局部与整体关系的科学的目标规划。既要解决眼前问题,更要考虑长远发展,努力向"预防为主"的新型发展模式转变。在"城市基础设施的结构、数量形态,已经延伸成为城市发展的功能结构、空间布局和自我调节的导向性因素,许多困扰城市发展的问题最终要靠改善基础设施才能从根本解决"的情况下,全面规划,分期实施,努力做到"偿还旧账,不欠新账"。

(2)低碳生态的理念。即坚持环境保护与经济发展同步,使城市发展和资源、环境容量相适应地进行规划。上海世博会在规划上突出绿色和谐,形成绿色交通、绿色能源、绿色工程、绿色建筑和绿色办公等特色,在低碳发展之路上走在全国的前面。

85

（3）整体效应的理念。即以经济效益、社会效益、环境效益高度统一为要求，抓住城市布局和结构这一关键进行规划。要求各经济区域在各方面形成整体，在进行城市基础设施建设时从整体利益出发，综合考虑多方面因素做出决断。各城市的发展目标及空间、各城市布局、结构及发展定位也需调整，而城市基础设施尤其是交通设施是实现整体效应和区域联动发展的重要支撑。

（4）可持续发展的理念。即以满足城市可持续发展的需要为出发点进行规划建设。关注引领未来的问题，选择具有战略及长远意义的重点地区作为一段时期的发展重心，以促进城市结构调整、整体功能提升和实现可持续发展。

2.建设高水准的基础设施

枢纽型、功能性、网络化的城市基础设施是现代化城市的必备条件，低碳生态城市、"绿色基础设施"成为发展趋势，这是实现可持续资源管理的途径，其低碳、高效、环保和节能已是新一代城市基础设施建设的发展方向。上海世博会在向人们展示未来城市模样的同时，也把建设"绿色基础设施"的实践予以呈现。

3.应用高科技的城市管理系统

依靠科技进步实现城市信息化管理，是使城市综合服务成本降低、效率提高的有效途径。对城市基础设施管理而言，在供给能力上要突出"巩固基本供给能力、增强应急供给能力"的原则，在城市基础设施的保障服务上要转变运营方式，更便民、利民。同时还要增强各种基础设施的互补作用，开发、引进和建设全新的城市基础设施管理系统，建立动态监测系统、电子监察系统等，建立先进的城市运行及安全救助体系。如：城市能源利用及管理系统、现代化的信息通信系统、快速反应的防灾减灾系统等。

二、城市基础设施的美化

（一）城市交通系统工程的美化

1.道路美化

道路是一个城市的橱窗和走廊，也是人们最直观的认识城市面貌和城市个性的主要视觉和感觉场所。

道路环境是城市环境的重要组成部分，城市空间主要分为交通空间、建筑空间和开放空间三大部分，各个空间的组成要素对城市环境都起着至关重要的作用。尤其是道路的带状环境特点使得它在反映一个城市的面貌的时候更为突出。建设一个既满足交通功能需求，又给人以视觉上的美感的绿化景观道路，会为在城市中生活的人们带来一种整洁清新的感觉，焕发了城市自身的生命力。

（1）城市道路平面美化。以上海为例，为配合高速增长的经济，路网建设也得到了飞速发展，而作为上海市交通重要网络组成部分的环线高架路，因其全封闭、全立交、快速、安全的特点而愈来愈受到重视。上海市道路的美化设计可以说是典型的从平面构成的角度出发进行的美化。

在上海中环线的景观设计中，值得一提的便是其充分考虑到

87

了以人为本。高架道路为全封闭的快速车道，司乘人员在其上行驶时，高架下的地面沿线景观相对于司乘人员快速通过，所以只能展现出其连续的视觉画面。因此，在长达70公里的中环线上，绿化景观成为重要组成部分。在每一个路口之间采取不同的设计样式，在富有变化的同时又使整个中环线有统一的基调。在不断的过渡与变化中强调各个路口立交之间的不同景观的演变，使高架上的人们能够清楚地识别不同的高架路段，增强了高架路的形象识别功能。这样，所有的景观都在中环线的串联下，形成以中环为轴线的动态、连续、多变的城市系列景观带。规划中的大型绿地、道路立交及一些重要景点等也都作为中环线上的景观节点而进行重点设计，这也是中环线上系列景观的高潮部分。

上海中环线道路系统

①道路斑马线美化。1951年10月31日，世界上第一条斑马线在英国南部伯克郡斯劳镇诞生。为了起到更好的效果，很多

城市都美化了斑马线,在起到提醒作用的同时还成为一道城市美化的风景。

立体斑马线:立体斑马线由浙江台州最先实行推出,用了白、蓝、黄三种颜色涂料,看起来不仅有立体效果,且十分漂亮醒目。涂料还添加了玻璃粉,即便晚上也能清楚看见,三维的感觉能增加司机对于马路交叉点的缓存。后来在不少城市推广,既增加了城市美化也提高了安全指数。

爱心斑马线:爱心斑马线,是杭州为警示"70码"事件在杭州多个路段设立的特殊斑马线。首条爱心斑马线2009年5月18日正式启用,设在莫干山路密渡桥路口。原先的白色线条改为黄底白条相间,长为14米,宽度由4米增加到了7米,斑马线的中间印有大大小小的红色爱心图案,写着"爱心路上,有我有你"的温馨标语。

爱心斑马线

脸谱斑马线:2009年7月7日,西安市曲江芙蓉园街区,两条文化韵味浓厚,创意独特的秦腔戏曲脸谱、关中皮影斑马线亮相街头,吸引了众多市民注意。

脸谱斑马线

②道路井盖美化。一些道路的细节处理会影响道路的美感。例如道路上的井盖,如若处理得当,不仅不会影响道路美化的整体效果,反而还会为城市道路增添一抹亮色。

以日本为例,井盖是一座城市的名片。井盖上面的图案会告诉你所在的城市什么东西最著名,哪些地方最好玩,或者这座城市有着怎样的历史故事。例如大阪是赏樱花的胜地,大阪的井盖上描绘的就是樱花盛开时的场景;静冈县位于富士山脚下,那里的井盖上面描绘图案则大多以富士山风景为主题;长野县有一条富有北国风情的街道,被评为古建筑保护群,他们的井盖上绘制的内容就是小桥流水、古楼林立;京都和奈良是千年古都,井盖则大多以寺庙、神社为题材。

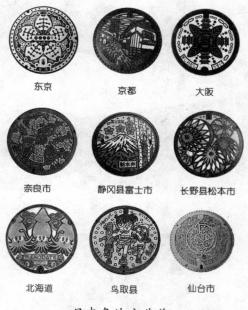

东京　京都　大阪

奈良市　静冈县富士市　长野县松本市

北海道　鸟取县　仙台市

日本各地方井盖

（2）道路沿街立面美化。人们对城市道路直观感受的来源，除道路布局的调整，对于沿街立面的美化也是不可或缺的一个方面。沿街立面的美化主要包括以下几种：

①道路沿街立面的涂刷、铺贴美化。墙体表面涂装是在我国应用最广泛的墙面美化方法之一。台北基隆河岸旁由瓷砖制造厂商赞助的堤防墙面美化工程，墙面上砌的是来自各行各业男女老少的笑脸，希望让世界多欢喜。

墙体表面涂装图

台北基隆墙面美化工程

92

②道路沿街立面的雕塑感美化。AlexandreFarto 的作品组《在威尼斯的街道》,作者利用腐蚀酸和漂白剂,使用锤子、凿子和风钻等工具,以建筑外墙面本身作为画板,"建造出"了一组画作,并以这种艺术手段来改造其所在的环境,使其具有一种独特的魅力和历史韵味。下面就是他们的几个墙面美化作品。

德国柏林　　　　　　　　　　俄国莫斯科

俄国莫斯科　　　　　　　　　中国上海

③道路沿街立面的绿化美化。随着近年来建筑技术的不断提高，一些新的立面美化方案随之出现。与单纯的装饰手法相比，墙面绿化显得更加符合现在低碳时代的发展趋势，墙面绿化是指将植物(主要是草本类、灌木类)种植于墙面之上。由于城市土地有限，城市土地绿化成本相对高昂，为此就要充分利用城市空间，在建筑外墙、围墙、桥住、阳台、窗台等处进行绿化，以改善城市生态环境。通常，城市墙面、路面的反射甚为强烈，进行墙面的垂直绿化，墙面温度可降低2至7摄氏度，特别是朝西的墙面绿化覆盖后降温效果更为显著。同时，墙面、棚面绿化覆盖后，空气湿度还可提高10%至20%，这在炎热夏季大大有利于人们消除疲劳、增加舒适感。

2.桥梁美化

一座城市桥梁的建成，就应该成为这个城市的一道风景，甚至是城市的标志。桥梁设计在考虑结合自身城市特点同时,运用现代景观设计手法,以创造多形态生态景观环境为目的,使桥梁形体,环境空间组成多层次的景观。很多城市,桥梁的绿化、美化,在整个城市的美化中越来越受到重视。下图是一组台北市基隆河上的桥梁美化案例。

台北著名的"麦帅大桥"

跨越基隆河的"彩虹桥"

台北的防洪墙

台北的"大直桥"

"麦帅大桥"曾经是台湾第一条高速公路的起点,早期是水泥桥,现在已改建为台湾第一座纽尔逊式提篮型钢拱桥。"彩虹桥"系专为行人及自行车所建,两端各有自行车引道及无障碍设施,方便两岸的行人及自行车通行。台北防洪墙的高度约在4米至9米,对整体景观较具冲击,以彩绘艺术美化河岸堤防,成为舒适的视觉空间及优质休闲游憩环境。"大直桥"是台北市首座钓竿式斜张桥,全长823米,夜间桥体照明,色彩缤纷夺目,衬托出基隆河美丽的景致。

3.站台美化

（1）公路休息站。国内绝大多数收费站,休息区仅仅是满足了使用功能,设计缺乏特色,对长途旅行者很难产生触动。在这方面,国外对于高速公路上的某些休息站的设计更具新意。例如坐落于格鲁吉亚和阿塞拜疆共和国之间高速公路上,由世界著名建筑事务所 J.MAYERH.设计的一组休息站,拥有自己独特的建筑语言和设计风格。除去一些基本的功能,如加油站、卫生间、超市等,它同时也是一个农贸市场和文化空间。多种多样的功能利用独特的建筑语言综合起来,形成了一组堪称工艺品的建筑序列,如下图。

休息站

（2）公交站亭美化。公交站亭美化是很多发达国家美化城市基础设施的重要组成部分。

（3）地铁站台美化。城市内的交通方式除了地上交通之外,地下交通也是我们城市交通中的一项很重要的组成部分。不论是地下轨道交通,地下广场,还是地下通道,其出入口都要设置在道路之上。那么这些部分如何与道路相协调一致,给人以美的感受,可以说是我们对于地下交通部分美化的很重要的一点。

以卡洛斯三世大街(CarlosIIIAvenue)为例,在对其进行的美化设计中,设计师将一组通向地下的入口规则排列,利用方形的,模式化的入口设计的有序排列达到了一种简单,纯粹的视觉效果。体性的美化之外,一些易于实现的小的改变也可以使得地铁站台给人的感受更加人性化。例如由瑞典设计师TaniaRuiz设计的地铁站台中对LED电视屏幕的使用,在美化站台的同时也使得乘客在等待期间更加愉快。

来自西班牙设计工作室的Bilbao-basedBABELstudio在塞巴斯蒂安的作品Eleva则更讲求地下入口与环境的完美融合。设计吸取了极简主义的做法。

地铁站台

4.交通工具美化

（1）公共汽车美化。公交车是城市一道流动的风景，如果他美丽的身躯能给我们带来视觉享受，成为彰显城市文化特色的使者，为何我们不好好装扮一下呢？

 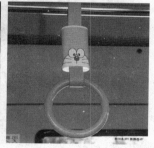

（2）出租车美化。作为现代化大都市的形象代表之一，出租车的形象在某种程度上影响着城市的品位，影响着人们对城市的认同感。

2004年9月，北京市交通委采纳了清华大学美术学院工业设计系设计的以尊黄为基色的《中华北京》系列方案。黄色是中央土的象征，是中国传统色彩文化中最尊贵的颜色，以此为基色，选用四方的八种色，代表祖国的四面八方。

除与当地文化相适应之外,有特色的出租车本身也可以成为一个地区的文化符号。墨西哥清一色使用甲壳虫作为出租车的景象给人留下了深刻的印象。

(二)城市给排水系统工程的美化

多功能雨水调蓄池从功能上可分为两大类:一是利用低凹地、池塘、湿地、人工池塘等收集调蓄雨水。雨水汇入调蓄池之前应该进行必要的截污处理,再充分利用调蓄池内的水生植物和其他生物资源对积蓄的雨水进行净化处理,防止水质恶化,保持水体良好的生态景观效果;二是将其建成与市民生活相关的设施,如利用凹地建成城市小公园、绿地、停车场、网球场、儿童游乐场和市民休闲锻炼场所等,这些场所的底部一般都采用渗水的材料,当暴雨来临时可以暂时将高峰流量贮存在其中,并作为一种渗透塘,暴雨过后,雨水继续下渗或外排,并且设计在一定时间

（比如48小时或更短的时间）内完全放空,这种雨水调蓄设施多数时间处于无水状态,可以用作多功能场所。从整个水循环系统看,它还可以有效地削减水土的流失,补充地下水。如下图中,日本多功能雨水调蓄池,平时一个为网球场等运动场地,一个为儿童游戏场;苏州河梦清园段,两边建筑为中远两湾城居住区,中间绿地为梦清园活水公园,绿地下面是一个总体积3万立方米的初期雨水调蓄池。

日本水景建筑与雨洪调节

日本多功能雨水调蓄池

日本多功能雨水调蓄池

苏州河梦清园段

(三) 城市能源系统工程的美化

1. 变电站、变电箱的美化

变电站是我们日常生活中最熟悉的城市能源系统基础设施。箱式变电站称箱变,是一种高压开关设备、配电变压器和低压配电装置,按一定接线方案排成一体的工厂预制户内、户外紧凑式配电设备,特别适用于城网建设与改造,是继土建变电站之后崛起的一种崭新的变电站。它是否也可以穿上新衣,成为城市的一道风景呢?

变电箱美化造型

2.太阳能利用设施的美化

太阳能路灯既为了美化城市,也符合节能减排形势发展需要。

太阳能路灯美化造型

此外，由于使用功能的原因，太阳能收集装置必须暴露在外面，这也为太阳能设施的美化增添了一定的难度。于是利用太阳能收集装置表面的纹理制作景观就成了太阳能设施美化的一个新的思路。

太阳能收集装置

101

(四) 城市通信系统工程的美化

1.天线美化

将各种天线进行符合现场环境的美化,将天线产品与铁塔配件完美结合,可达到与环境自然和谐统一。

现在的技术可以设计并实现如下造型:圆型天线美化造型、方型天线美化造型、水罐型天线美化造型、空调型天线美化造型、墙饰型美化造型、烟囱型美化造型、仿生树型美化造型、景观灯杆美化造型、三角形广告牌美化造型、徽标型美化造型、葡萄架型美化造型、仿真墙体型美化造型、路灯广告牌型美化造型等。

葡萄架型美化造型

景观灯杆美化天线

烟囱型美化造型

水罐型天线美化造型

空调型天线美化造型　　　　　　仿生树型美化造型

2.交通信号箱美化

在我们的印象中那些电信箱都是乳白色的铁皮盒子,试想如果我们对其"外衣"进行艺术创作,是否会让我们赏心悦目?下图就是某个国外城市进行城市美化时将这些不起眼的箱子美化一番的效果。

交通信号箱美化　　　　　　交通信号箱美化

3.邮筒美化

邮筒在国人的印象中,大多是设在路旁供寄信和收信用的柱墩状的绿色圆筒。在日本街头,同样随处可见的邮筒却有着拥有各自特点的表现形式,具有很强的装饰性,成为路旁精巧的点缀和饰物。

邮筒在满足使用功能之外,其装饰性可以挖掘的潜力很大。一个好的邮筒设计能够体现该区域的地域风格,文化底蕴。

日本青森县出苹果,所以邮筒上也放了个苹果

4.报刊亭美化

报刊亭作为一种在公共场合售卖报纸杂志的小型活动房屋,除了要足够醒目且拥有足够的展示空间之外,与周围道路的气质相符,与周围环境相互协调、融为一体也是十分重要的。

下面的图片是德国设计师Thomas在伦敦的街头为报刊亭设计的。

报刊亭部分打开时

(五) 城市环境系统工程的美化

　　垃圾桶是城市设施中的重要成员，当人们想随手乱扔垃圾时，如果惊喜地发现有如此美妙的分类垃圾设施，是否会驻足欣赏并将垃圾送入它的怀抱？

105

获伊比利亚城市设备奖项的垃圾桶

第五章　生态环境

——城市环境美化的根本

　　城市是人类社会活动的重要区域,城市的环境建设是实现可持续发展进程的一个重要组成部分。在我国经济发展水平逐步提高,城镇化进程逐步加快的今天,我们要努力谋求城市发展建设与城市生态环境建设的最佳结合点,使城市建设与城市生态环境问题处于一种和谐状态之下,将城市建设成环境友好、资源节约、生态循环、生活富裕、城市与自然、人与城市和谐发展的现代化生态城市。

一、城市生态环境的内涵

　　城市作为人类聚居与生产、生活的一种社会组织形式,带来了人口、产业与资源和能源消耗高度集中,废弃物大量产生,建筑地表辐射面与不透水地面增多,需水量增加,绿地减少等一系列生态环境的变化。

　　20 世纪以来经济的高速发展,特别是 50 年代以来的工业大发展,使得城市环境污染、生态破坏达到了极其严重的地步。因此，人类开始关注其生存的环境问题，研究城市人类活动对环境的影响，研究城市社会、经济发展与生态环境保护之间的关系。

(一) 什么是生态系统

"生态系统"(ecosystem) 一词由英国生态学家坦斯利(A.G. Tansley) 于 1935 年首先提出。著名生态学家奥德姆(E.P.Odum) 1971 年指出：生态系统就是包括特定地段中的全部生物和物理环境的统一体。生态系统实际上就是在生物群落的基础上加上非生物的环境成分(如阳光、湿度、温度、土壤、各种有机或无机的物质等)所构成的。生态系统首先是由许多生物组成的，物质循环、能量流动和信息传递把这些生物与环境统一起来，成为一个完整的生态功能单位。

(二) 什么是城市生态系统

"城市生态学"由美国芝加哥学派创始人帕克于 1925 年提出后，得到了迅速的发展。

《环境科学词典》将城市生态系统定义为：特定区域内的人口、资源、环境，通过各种相生相克的关系建立起来的人类聚居地或社会、经济、自然的复合体。

严格意义上说，城市是人口集中居住的地方，属人工生态系统，从景观生态学来讲，属当地自然景观的一部分，它本身并不是一个完整、自我稳定的生态系统。按照现代生态学观点，城市也具

107

有自然生态系统的某些特征,具有某种相对稳定的生态结构与功能及生态过程。尽管城市生态系统与自然生态系统相比,在组分比例与作用方面已发生了很大的变化,但城市人工生态系统内仍具有自然生态系统的基本特征,也与周围的自然生态系统发生着联系,表现出一定的生态功能,并具有不同于自然生态系统的突出特点。

(三) 怎样理解城市生态环境

对于居住在城市的人们来说,城市的空气、水体、土地、生物、建筑物、道路、设施与各类生产、生活资源,以及社会秩序和文化产品等,就是城市居民生存和活动的环境。城市生态环境学中的综合性,表现在城市是人类活动最集中、最频繁的地方,城市中的自然过程、生态环境过程、经济过程、文化过程等都异常活跃,它构成一个特殊的城市生态环境综合体。这个综合体由阳光、空气、水体、土地,生物等自然景观和建筑(构筑)物、园林、绿地等人工景观,构成城市生态环境的物质部分;由科技、文教、艺术等人文景观,构成城市生态环境的精神部分;还有生产,生活设施、物质供给、需求等社会经济环境,以维持城市的生存和发展。这些要素和系统又是相互作用、互相制约的。所以城市生态环境学既研究城市自然环境,又研究城市社会经济环境;既研究单个要素或系统的状态,又研究多个系统或要素的相互作用关系,以及它们在时间上和空间上的发展变化规律。

二、城市面临的生态环境问题

城市生态系统问题的实质是生活在城市中的人类与其生存环境之间的关系产生了不平衡。这种不平衡的最明显特征即是城市人类生存环境质量的下降，以及这种环境质量下降引起的城市人类生存危机。城市生态系统问题具有某些共性，诸如城市化进程对自然环境的破坏，气候变化和大气污染、水污染等。同时作为一个发展中国家，我国的生态系统问题又有自身的特点，如人口高度密集所带来的水资源短缺，资源相对不足，维系生态系统的绿地不足，废弃物资源化程度不高所带来的种种污染等。

(一) 自然生态环境遭到破坏

城市生态系统的发展变化是伴随着城市化的进程而发展变化的，城市化在全世界范围内，尤其是在发达国家已达到了一个相当高的水平。

城市化的发展不可避免地在一定程度上影响了自然生态环境。一方面应看到，城市化确实使人类为自身创造了方便、舒适的生活条件，满足了自己的生存、享受和发展上的需要；另一方面也应看到，城市化造成的自然生态环境绝对面积被挤压，同时在很大区域范围内对城市居民而言，其质量与数量也发生了巨大的变化。自然生态环境的破损，引起了诸如城市热岛效应、生活方式的改变等，这对人们的影响都是长期的、潜在的。另外，人类在享受现代文明的同时,却抑制了绿色植物、动物和其他生物的生存和发展,改变着它们之间长期形成的相互依存关系。这样,人类将自己圈在了自身创造的人工化的城市里,并与自然生态环境长期隔离,加之城市规模过大,人口过分集中,其结果是,许多"文明病"或"公害病"等城市病相继产生。

1.城市占用土地的扩大

随着各国城市区域的扩大,所占面积越来越大,增加速度也日益加快。例如,泰国的曼谷在 1910 年时只有 12 平方千米,1940年扩大为 44 平方千米,到了 20 世纪 80 年代初进一步扩大到 170平方千米,是 1910 年的 14 倍、1940 年的 4 倍。

发达国家城市群的形成和城市人口由市区向郊区的扩展,更加快了占用农业用地的速度,使人类赖以维计的农业生产出现危机。在这些农田上扩展城市,意味着农业生产的直接损失,而并非潜在危机。

2.城市土壤的变化

一般而言,随着城市建筑物密度与不透水面的增大,加之大规模排水系统的扩展,在很大程度上阻止了雨水向土壤的渗透,使得城市地下水位下降。过度抽取地下水,使地下水位不但下降,甚至发生一定区域地面沉降的现象。

另一个与城市土壤有关的因素是城市废弃物的不达标排放,以及工业和生活垃圾对土壤的污染。如塑料类废品的长期堆放,既给鼠类、蚊蝇提供了繁殖的场所,威胁人类的健康,又影响市容市貌,更严重的是塑料垃圾进入土壤后不但长期不能被降解,而且影响土壤的通透性,破坏土壤结构,影响植物生长。不仅如此,塑料垃圾重量轻、体积大,用填埋法来处理,往往需要占用和破坏大量的土地资源,而填埋后的垃圾还会污染地下水。

(二)气候变化和大气污染

1.气候变化

城市中人为造热释放量相当于太阳入射量的 30% 左右。太阳辐射能在城市中只有一小部分用于蒸发与蒸腾作用,城市中的各类建筑物会增加太阳的辐射面。因而,城市一直是其周围地区内的一个热岛,与周围地区的温差,在一万人口城市中最大为 4℃,1000 万人口的城市达到 10℃。

2.大气污染

大气的污染是城市中的一个主要问题,并且最易为城市居民所感受。早在 1973 年、1880 年和 1891 年,英国伦敦就曾发生过 3 次"毒物"事件,死亡人数达 1800 人以上,称为"伦敦型"烟雾。20 世纪 40 年代,发达国家的大量汽车和工厂以石油、煤炭为燃料,所排放的废气通过紫外线的照射和化学反应,形成一种新的污染物。1943 年后,美国洛杉矶不断出现这种光化学烟雾,滞留几天不散,使居民眼红、喉痛、咳嗽,甚至造成死亡,称为"洛杉矶"烟雾。

111

(三)用水短缺和水污染

1.用水短缺

城市供水问题当前在世界范围已成为一个突出的制约性问

题。早在 1972 年于斯德哥尔摩举行的联合国人类环境会议上,许多国家的报告就都提到城市缺水问题。

用水短缺有两类原因:其一为城市所在地区缺乏地面与地下水资源;其二为城市所在地区并不缺乏水资源,但由于水资源受到严重污染,可供利用的清洁水源严重不足,这即是所谓的"水质性缺水"。

2.城市水污染

在发达国家中,城市的水污染主要是工业排放的废水,约占城市废水总量的 3/4,其中以金属原材料、化工、造纸等行业的废水污染最甚。

城市中的工业废水和生活污水未经处理或未达标,就通过下水道系统排入江河湖海,造成水污染,不只对城市人口造成损害,对农村的生活和生产也产生不良影响。

水污染不仅影响人们的健康,还祸及渔业和农业生产。农村中的水污染除了来自农药中的有机磷、氯化合物外,城市的污染水流向农村也是其主要根源。

(四) 人口密集与绿地奇缺

1.人口密集

人口密集是城市尤其是一些大城市、特大城市的较普遍地现象。据有关资料显示,国外 42 个大城市人口平均密度为每平方公里 7918 人,其中高于这一平均值的有 14 个城市。

尽管城市的人口分布格局随市政建设的合理化而发生一些

重要变化,但从根本上说,城市建设所开拓的空间仍将被社会经济发展所需的迁移人口所占用。这意味着市政设施建设,交通环境改善和城市形象塑造,均将会面临持续的挑战。

2.绿地缺乏

联合国规定的城市人均绿地标准为 50 至 60 平方米,达到或超过这一标准的城市为数不多。即便是有绿地,也存在其仅有数量而无质量、结构与功能的不一致问题,常被人们称为"老头树",或只见树木不见森林。

(五) 乡镇生态问题严重

乡镇生态问题以及其对城市生态系统的冲击是我国社会经济发展过程中的特殊问题。我国乡镇生态问题较为严重,乡镇企业造成的污染,已成为区域环境质量和流域环境质量下降的元凶之一,且已对城市生态系统构成严重威胁。其主要为乡镇工(企)业所造成的环境污染。

乡镇工业大多利用本地资源,就地取材,设点办厂,在发展过程中又多受到行政管理区域的限制,形成了各自为政、各村为政的分散格局。分散布局虽然可以充分利用广大农村的环境容量,但由于工厂企业数量多、分布广,越来越多的农田、草地、林地、河流和湖泊遭受严重破坏与污染。主要原因有:工厂规模小,净利润低,难以进行必要的环保投资;企业效益低下,资源浪费;乡镇工业高污染负荷比重大,调整困难;生产工艺落后,设备陈旧,能耗高,资源利用率和循环利用率低。

三、城市生态环境保护

生态城市,这一概念是在 20 世纪 70 年代联合国教科文组织发起的"人与生物圈(MAB)"计划研究过程中提出的,一经出现,立刻就受到全球的广泛关注。

(一) 什么是生态城市

中国学者黄光宇教授认为,生态城市是根据生态学原理综合研究城市生态系统中人与"住所"的关系,并应用科学与技术手段,协调现代城市经济系统与生物的关系,包含保护与合理利用一切自然资源与能源, 提高人类对城市生态系统的自我调节、修复、维持和发展的能力,使人、自然、环境融为一体,互惠共生[①]。

生态城市是一个十分复杂的人工复合生态系统,它要求经济发达、社会繁荣、生态保护三者保持高度和谐,技术与自然达到充分融合,城市环境清洁、优美、舒适,从而能最大限度地发挥人的创造力与生产力,并有利于提高文明程度的稳定、协调、持续发展。它是人类社会发展到一定阶段的产物,也是现代文明在发达城市中的象征。

建设生态城市是人类共同的愿望, 其目的是为了让人的创造力和各种有利于推动社会发展的潜能充分释放出来,在

114

---

① 李赶顺、张玉柯:《循环经济与和谐生态城市》,中国环境科学出版社 2006 版。

一个高度文明的环境里造就一代胜一代的生产力。在达到这个目的的过程中,保持经济发展、社会进步和生态保护的高度和谐是基础。只有在这个基础上,城市的经济目标、社会目标和生态环境目标才能达到统一,技术与自然才有可能充分融合,各种资源的配置和利用才会最有效,进而促进经济、社会与生态三效益的同步增长,使城市环境更加清洁、舒适,景观更加适宜优美。

(二)怎样理解城市生态建设?

1.什么是城市生态建设

城市的生态建设是在城市生态规划的基础上进行的具体实施城市生态规划的建设性行为,城市生态规划的一系列目标、设想通过城市生态建设得到的逐步的实现。

2.城市生态建设的内容

城市生态建设包括两大部分内容:一是资源开发利用,二是环境治理。前者着重研究在资源开发、利用过程中所产生的生态问题;后者着重研究解决、治理环境污染问题。

(1)确定人口适宜容量。确定城市人口适宜容量时,应坚持"可能性"与"合理性"的结合。

(2)研究土地利用适宜性程度。土地利用负荷生态法则才能称之为"适宜",在土地开发利用的过程中不仅要考虑经济上的合理性,而且要考虑与其相关的社会效益和环境效益。

(3)推进产业结构模式演进。城市的产业结构体现了城市的

115

职能和性质,决定了城市基本活动的方向、内容、形式和空间分布。无论采取哪种类型,城市合理的产业结构模式都应遵循生态工艺原理演进,使其内部各组分形成"综合利用资源,互相利用产品和废弃物,最终成为首尾相接的统一体"。

(4)建立市区与郊区复合生态系统。从经济、社会联系看,市区是个强者,郊区经济、社会的发展依附于市区;从生态联系看,市区又是个弱者,郊区的生物生产能力和环境容量大于市区,是市区存在的基础。因此,为了增强城市生态系统的自律性和协调机制,必须将市区和郊区看作一个完整的复合生态系统,对系统的运行做统一调控。

生态农业不但能提高农业资源的利用率,降低生产的物质与能量消耗,还能净化或重复利用市区工业、生活废弃物,并为城市居民提供更多的生物产品。因此,加强生态农业建设是市区—郊区复合生态系统完善结构和强化功能的重要途径。

(5)防止城市污染。城市污染防治是城市生态建设的重要而具体的内容,只有通过城市环境污染的有效治理,才能形成并维持高质量的城市生态系统,为城市可持续发展打下坚实的基础。其重点是解决城市大气、水、噪声、垃圾和个体废弃物处理,其中心环节是在做好环境污染预测基础上,选取适宜的处理方法和处理程序,使环境的承受能了与排污强度相适应,使污染控制能力与经济增长速度相协调。

(6)保护城市生物。除人类以外的生物有机体大量地、迅速地从城市环境中减少、退缩以至消亡,是城市生态恶化的重要原因与结果,各类生物尤其是绿色植物在城市生态环境中担负着重要的还原功能,城市绿化程度以及人均绿地面积是体现城市生态建设水平的重要指标。实施城市生物保护应制定科学合理的规划,其内容包括:城市绿地系统规划,国家森林公园及自然保护区规划,珍稀及濒临灭绝动物保护规划等。

(7)提高资源利用效率。城市是资源高强度集中消耗区域,其资源综合利用效率既反映了城市科学技术水平及经济发展水平,同时也反映和决定了环境质量水平。提高资源综合利用效率是改善城市乃至区域环境质量的重要措施,应贯穿于资源开发、再生利用等多个环节,并通过水资源保护、供水优化、能源利用及保护、再生资源利用等方面予以体现,使之成为城市生态建设的一个重要组成部分。

(三) 城市生态环境保护的重中之重是城市绿化建设

城市环境的优劣,很大程度上决定人们生活的质量。"城市与自然共存"已经成为各国现代城市一致追求的目标,也是城市可持续发展最重要的条件。现代城市绿肩负着三项主要功能:一是改善生态环境,包括改善气候,净化大气,保持水土,防止径流污染,减隔噪音,缓解灾害等;二是提供优美的户外游憩场所,营造清新宜人的休息、健身、社交环境:三是发挥植物美的一面,展现园林艺术,满足人们的精神需要。

117

(四) 要建立可持续的城市生态环境

要实现城市生态环境规划的可持续性,就必须运用生态学和可持续发展的基本原理,以环境容量、自然资源承载能力和生态适宜度为依据,缓解城市生态环境方面存在的问题,协调城市社会、经济的发展与城市生态环境之间的矛盾,防止生态环境的破坏与污染,从而达到人与自然的和谐发展。

为保证城市生态环境规划的可持续性,应遵循以下原则:

1.阈限物质原则

任何空间、资源规划均有一个"度",要考虑"最适"和"阈限"。在规划过程中,首先应该树立正确的城市发展价值观,保证城市对生态系统的索取和废物的排放限制在生态系统的承载力范围以内,使城市的发展强度与城市的发展能力相适应,从而保障人与自然的和谐关系。

2.多样性共生原则

任何一个系统中的子系统之间总存在着互惠互利的共生关系,在城市生态规划过程中,要保持生物的多样性,将城市生态系统置于整个生物圈范畴内进行规划,建立市区和郊区的复合生态系统,保护城区及周边的各种生物。

3.资源的回收再利用原则

资源的回收再利用有两方面的含义:其一是降低资源的消耗率;其二是推行清洁能源,加大材料回收力度。在城市生态规划中,要通过推进产业结构模式的演变,尽量减少对自然资源的消耗,建立有利于持续发展的生产工艺、产业结构,设置高效能的运转系统,提高资源的利用率。

4.预防和保护齐头并进的原则

对于已经存在的生态问题,要采取合理的措施,积极应对;对于未知并尚未表现出症状的生态问题,要有所预见。任何一项工程在实施前,必须经过环境影响评价,预见其建成后对社会、经济、生态环境的效益程度,从而提出一些合理化建议。

在城市生态环境规划的过程中,还应建立高水平的管理队伍,制定切实可行、科学合理的生态环境综合整治规划,建立高质量的环保系统;同时逐步完善绿地生态系统,提高人口素质,增强人们的环保意识。

(五) 解决我国城市生态环境问题的治理对策

面对我国城市发展的环境压力和出现的新问题,城市环境保护的战略和对策必须进行相应调整。

1.加强城市细节的生态设计,建设与自然环境相融合的人工环境

城市由各类基础设施、公共建筑等组成,它们是城市生态环境的有机组成部分,在发挥其作用的同时,也必须考虑其生态环境效应。如城市交通道路避免穿越生态脆弱区,路网的优化布局和合理的路网密度,科学设计的城市建筑采光和节能,城市建筑景观和自然山水景观的协调性、一致性,城市绿地的结构等,特别要重视受污染水体、土地等的生态修复,为城市发展提供良好的设施支撑。

2.建设城市生态防护圈和生态走廊,营造良好的生态防护体系

合理开发利用水资源,保护森林、湿地等特殊资源,保持生态景观的多样性;完善城市绿地系统,充分依托城市周边的森林资源,建设生态公益林,大面积引绿进城,建设森林中的城市和城市里的森林。建设沿河沿路的生态绿化走廊,建设路网生态防护林带,建设居住区绿色主题公园,提高建成区绿地率,保护基本农田,营造城市的生态绿肺、生态脉络、生态走廊和生态保护圈。

3.加强对各种环境污染问题的治理

治理大气污染物的排放主要在于减少污染物的排放量。为此城市的生产生活应尽量采用新型节能型能源,如太阳能、风能、潮汐能等清洁型能源;在水污染防治上,要加强对工业污水排放的检测,对污水排放问题制定科学合理的规章制度,并认真落实相关责任人的主要责任;在垃圾处理方面,要尽量减少城市生活垃圾,并对垃圾进行合理的回收和再利用。

总之,要想达到人与自然的和谐,解决人类当前面临的生态失衡和环境污染等问题,最重要的就是要做到经济效益、资源效益、环境效益和社会效益的完美统一。

第六章 景观环境

——城市环境美化的亮点

　　城市是人类集中生活和工作的主要环境。城市园林是环境的主体,是城市中唯一有生命的基本设施,具有其他设施不可替代的功效,是提高城市居民生活质量的必不可少的依托条件。美好的市容风貌,可以提升一个城市的文化品位与艺术内涵,可以使市民在优美的生态环境中修身养性、怡情益智,使人的发展与城市、自然协调发展,形成天人合一、共生共荣的和谐局面。

一、城市风景园林

　　城市风景园林是在城市范围内,根据功能要求、经济技术条件和艺术布局规律,运用工程技术和艺术手段,通过改造地形(或进一步筑山、叠石、理水)、种植树木花草、营造建筑和布置园路等途径,创作而成的美的自然环境和游憩境域。其特点是利用科学和艺术手段来营造人类美好的室外生活境域。

121

(一) 城市风景园林的构成要素

1.地形

通过园林地形的塑造,可以形成平原、丘陵、山峰、盆地等地貌。不同的地形、地貌反映出不同的景观特征,它影响着园林的布局和园林的风格,如意大利的台地、法国的平地、英国的丘陵地、中国的山水地貌等不同的地貌特征形成了各地富有特色的园林风格。因而,地形地貌就成了园林造景的基础。在自然条件贫乏的城市用地上造园,"挖湖堆山"塑造地形是创造风格新颖、多姿多彩园林景观的重要手段。

意大利埃斯特别墅　　　　　　法国凡尔赛

2.水体

水的特性在园林中表现得最为活跃, 水与各种自然和人文构景要素的结合,以及组合的不同程度,构成各种风景名胜、山水风光旅游资源。水是构成中国园林的灵魂,在古今中外各种风格的园林中,水体均有不可替代的作用。

杭州虎跑泉

园林中的水给园林带来多姿多彩的变化，园林艺术中也常利用水来构筑自己的胜景。如杭州西湖的平湖秋月、承德的烟雨楼等。

3.园林植物

园林植物是构成园林景观的主要素材，园林植物种类繁多，形态各异，色彩丰富。利用植物的各种天然特征，如色彩、形态、大小、质地、季相变化等可以创造富有生命活力的园林景观及生动优美的园林意境。同时由于植物具有色、香、姿、声、光等方面的属性，人们在欣赏的同时，还可以潜移默化地融汇自己的思想情趣与思想哲理，赋予其一定的品质和内容。在园林中，园林植物的叶容、花貌、色彩、芳香、树干姿态等能够随时间与季节的推移产生一系列色彩形象的变化，时序景观的变化，极大地丰富了园林景观的季相构图。在园林中可以利用植物的高低、疏密错落的布局创造各种不同的空间。例如利用草坪、地被及低矮的灌木可以形

123

成开敞的空间;还可以利用植物强调地形,烘托山水。

4.园林建筑

园林建筑是建造在园林中供人们游憩或观赏用的建筑物,如亭、榭、廊、阁、轩、楼、台、舫、厅堂等。这些建筑融功能、结构、艺术于一体,其魅力来自于体量、外形、色彩、质感等因素。它除了本身被观赏外,还可以为游览者提供观景视点和场所;提供休憩及活动的空间;提供简单的使用功能,诸如小卖部、售票、摄影等,也作为主体建筑的必要补充或联系过渡。

5.园路

园路是以线的形式构成园林的交通网,是联系各景区、景点以及活动中心的纽带,可以引导游览,分散人流;可以供游人散步和休息之用。另外,园路本身也能成为观赏对象,起到点缀风景的作用。园路蜿蜒起伏的曲线,丰富的寓意,精美的图案,都给人以美的享受。园林中的园路布置讲究以下几个方面:一是回环性,疏密适度;二是因景筑路;三是曲折性;四是多样性。

(二) 城市风景园林的绿地类型及特征

目前我国城市风景园林主要有六大类型:

(1)公共绿地。市、区范围内供城市居民进行良好的游览休息、文化娱乐的综合性功能的较大型绿地。

(2)居住绿地。改善居住区的环境卫生和小气候,美化环境,为居民日常休息,户外活动,体育锻炼、儿童游戏等创造良好条件。

(3)专用绿地。该绿化用地是专属某一部门,某一单位使用的绿地,不对城市居民开放,其投资及管理也由部门、单位负责,不属城市园林部门。

(4)道路交通绿地。行道树绿带、分车绿带、交通岛绿带、交通广场和停车场绿地等。

(5)风景游览绿地。著名的独特的大面积自然风景。

(6)生产防护绿地。是郊区用地的一部分。

(三) 城市风景园林的作用

良好的城市园林绿化可以给城市居民提供一个良好的生活环境,为人类居住提供美好的家园。

1.城市园林绿化对城市环境改善的作用

绿地可以有效地调节温度,改善城市小气候。绿地植被叶面水分的蒸发,不但可以降低自身的温度,还可以提高周围的空气湿度。因此园林绿化好的地方能提供人们冬暖夏凉的美好环境。

园林绿地是空气湿度的调节器,植物通过光合作用和蒸腾作用,把大量的水分从地下释放到空气中,可以明显提高空气的湿度。

噪音会影响人们的正常生活,对人们健康造成极大伤害,导致出现各种不良的精神反应。树木等植被利用其茂密的树冠和枝干,可以有效地吸收和隔离噪音。因此园林绿化是减少噪音的"消声器",可以减弱和避免噪音对居民的干扰。

城市园林绿化建设有利于保护生物多样性。在一个稳定区域内,各种群对整个区域的时空、利用资源以及相互之间的作用,总体趋于相互补充,而不是简单的相互竞争,区域内的系统越复杂也就越稳定。生物的种类成分数量越多,区域内的生态分化和种群间结合的结构就越复杂,自我调节自然生态系统和保持平衡的能力就越强。因此由很多植物群落组成的区域,比单一群落组成的区域更能充分地利用环境资源。

2.城市园林绿化在城市景观中的作用

城市园林绿化能够把自然景观很好地融入城市环境中,建成一个优美、自然、和谐的城市生活空间。

园林绿化是城市景观的重要组成部分。植物千姿百态的造型极大地丰富了环境中的空间变化,树木的高低错落,形态各异的树形、树冠能够打破城市建筑的单调造型,让城市面貌变得生动、多彩和活泼,加深了城市环境的立体空间感和远近层次感。在园林绿化上进行创新布局,把城市文化和历史融入城市园林绿化中,能够优化城市中历史文化遗存的景色,并美化其环境,形成具有历史文化风貌的、独有特色的城市景观。

(四) 城市风景园林的具体表现

城市风景园林的具体表现为点状分布的城市公园、广场和街心游园,线带状分布的人工河、滨水公园和道路绿地,城市风景园林中立体绿化,城市风景园林中景观水体人工湖、人工河及喷泉。

二、城市广场

城市广场不仅是一个城市的象征,人流聚集的地方,也是城市历史文化的融合,塑造自然美和艺术美的空间。

(一) 城市广场的分类及特征

城市广场按其性质、用途及在道路网中的地位分为以下几个类型:

(1)公共活动广场。一般是政治性广场,应为有较大场地供群众集会、游行、节日庆祝联欢等活动之用。

(2)集散广场。供大量车流、人流集散的各种建筑物前的广场,一般是城市的重要交通枢纽。集散广场应能合理地组织交通集散,保证车流通畅和行人安全。广场的布局应与主体建筑物相配合并适当布置绿化,并根据实际需要安排机动车和自行车停车场。

(3)交通广场。为几条主要道路汇合的大型交叉路口。

(4)纪念性广场。建有重大纪念意义的建筑物,在其前庭或四周布置园林绿化,供群众瞻仰、纪念或进行传统教育。

(5)商业广场。为商业活动之用,一般位于商业繁华地区。

(6)著名的城市广场。著名的城市广场有天安门广场、莫斯科红场、金日成广场等。

(二) 城市广场的功能

(1)组织交通作用。广场作为道路的一部分,是人、车通行和驻留的场所,起交汇、缓冲和组织交通作用。

(2)改善和美化环境。街道的轴线,可在广场中相互连接、调整,加深了城市空间的相互穿插和贯通,提升了城市空间的深度和层次。广场内配置绿化、小品等,有利于在广场内开展多种活动,增强了城市生活的情趣,满足人们日益增长的艺术审美要求。

(3)突出城市个性和特色,给城市增添魅力。以浓郁的历史背景为依托,使人们在休憩中获得知识了解城市过去曾有过的辉煌。

(4)提供社会活动场所。为城市居民和外来者提供散步、休息、集会、交往和休闲娱乐的场所。

(5)城市防灾。城市广场是火灾、地震等的避难场所。

(6)组织商贸交流活动。供居民集中购物或进行集市贸易和游憩等。

三、植物景观

(一)植物景观的功能

(1)生态功能。包括防护功能、改善功能、治理功能、美学功能。

(2)观赏功能。植物景观能够营造良好的视觉,增加环境的可观赏性的功能,包括园林植物个体美、群体美、衬托美等功能。

(3)社会功能。植物景观有益于人类文化生活、身心健康(陶冶情操)等功能。

(4)生产功能。植物景观用以满足人们物质生活需要的原料或产品的功能。

（二）植物景观的表现形式

园林植物景观表现形式主要以下几种：

（1）孤植树景观。单形体的树木形态与色彩的景观表现形式，一般配植在开阔空间中或视线开朗的山崖坡顶处，往往是所在空间的主景和焦点。

（2）树丛景观。按形式美的构图规律，既表现树木群体美，又烘托树木个体美的丛状组合形式。形态上有高低、远近的层次变化；色彩上有基调、主调与配调之分。

（3）树群景观。以树木群体美为主的树丛群体的扩展形式。

（4）花坛景观。以草本花卉为主的众多植株的集合体。

（5）花境景观。模拟自然界中林地边缘多种野生花卉交错生长的状态，运用艺术手法设计的一种花卉应用形式。

（6）草坪景观。具有开阔的视野空间，能开阔人的心胸，奔放人的感情，陶冶人的志趣。

（三）植物景观的特色

园林植物种类繁多，形态各异。

（1）园林植物具有自然美的素质。园林植物是生命的活物质，在自然界已形成固有的生态习性，在景观表现上有很强的自然规律和"静中有动"的时空变化特点。

（2）园林植物具有明显的时空序列节奏。盛衰荣枯的生命节律，创造出园林四时演变的时序景观。根据植物的季相变化，把不同花期的植物搭配种植,会使同一地点在不同时期产生某种特有景观,给人不同的感受,体会时令的变化。

（3）园林植物能够营造空间。植物本身是一个三维实体,是园林景观营造中组成空间结构的主要成分,具有构成空间、分隔空间、引起空间变化的功能。园林中由低矮植物营造的开敞空间,外向、无私密性,气氛明快、开朗,常成为人们良好的游憩活动场所;由较高的树木营造的半开敞空间,具有半隐秘性,人的视线时而通透,时而受阻,富于变化;由一定高度与密度的植物营造的封闭空间,具有私密性、隔离性、无方向性,能给人带来亲切感和安全感。由树木营造的纵深空间,具有方向性,其韵律节奏能带给人以前进方向上的动感;由浓密的树冠和藤本植物营造的覆盖空间,能带给人较强的归宿感。园林中地形的高低起伏,增加了空间的变化,也易使人产生新奇感。

（4）利用园林植物创造观赏景点。园林植物作为营造园林景观的主要材料,本身具有独特的姿态、色彩和风韵之美。不同的园林植物形态各异,变化万千,既可孤植以展示个体之美,又能按照一定的构图方式配置,表现植物的群体美,还可根据各自生态习性,合理安排,巧妙搭配,营造出乔、灌、草结合的群落景观。

不同的植物材料具有不同的景观特色。

（5）利用园林植物形成地域景观特色。植物生态习性的不同及各地气候条件的差异,致使植物的分布呈现地域性。不同地域环境形成不同的植物景观。地区性的乡土树种也是体现园林地方特点的最好材料。这种因自然条件形成的地方性特征,是园林植物自然美素质的表现。各地在漫长的植物栽培和应用观赏中形成了具有地方特色的植物景观,并与当地的文化融为一体,甚至有些植物材料逐渐演化为一个国家或地区的象征。

(6)利用园林植物进行意境的创作。利用园林植物进行意境创作,是中国传统园林的典型造景风格和宝贵的文化遗产。从欣赏植物的形态美升华到欣赏植物的意境美,达到了天人合一的理想境界。

(7)利用植物能够起到烘托建筑、雕塑的作用。植物的枝叶呈现柔和的曲线,不同植物的质地、色彩在视觉感受上有着不同差别,园林中经常用柔质的植物材料来软化生硬的几何式建筑形体;一般体型较大、立面庄严、视线开阔的建筑物附近,要选干高枝粗、树冠开展的树种;在玲珑精致的建筑物四周,要选栽一些枝态轻盈、叶小而致密的树种。现代园林中的雕塑、喷泉、建筑小品等也常用植物材料做装饰,或用绿篱作背景,通过色彩的对比和空间的围合来加强人们对景点的印象,产生烘托效果。园林植物与山石相配,能表现出地势起伏、野趣横生的自然韵味,与水体相配则能形成倒影或遮蔽水源,造成深远的感觉。

四、滨水景观

(一) 什么是滨水景观

城市滨水区是城市中水域与陆域相连的一定区域的总称,是城市中与河流、湖泊、海洋比邻的土地或建筑,一般由水域、水际线、陆域三部分组成。滨水区属于城市中介空间,具有多重功能,既将城市水体与陆地有机联系起来,又缓冲了城市宏观与微观环境。滨水景观复杂多样,既包括滨水区地形地貌等自然环境因素,如水陆交界处,或者平直、或内凹、或外凸的水岸线,以及在水流冲刷作用下形成的岛、矶、渚、洲等各种地貌;又包括在历史作用下,滨水区域遗留的丰富历史文化景观以及各种人工因素。

(二) 滨水景观的特征

城市滨水区是构成城市公共开放空间的重要部分,并且是城市公共开放空间中兼具自然地景和人工景观的区域,其对于城市的意义尤为独特和重要。营造城市滨水景观,既要充分利用自然资源,把人工建造的环境和当地的自然环境融为一体,增强人与自然的可达性和亲密性,形成一个科学、合理、健康的城市格局;又要使滨水景观具有场所的公共性、功能的多样性、水体的可接近性、植物的丰富性、滨水景观的生态性等,发挥滨水景观在城市的地标性及多维生态体系功能。

贫水国之一。随着我国工业化城市化进程逐步加快，国内水资源短缺的形势也越来越严峻。当前，全国 669 个城市中，有 400 多个城市供水不足，110 个严重缺水 14。因此防治城市水污染，保护城市水资源是当今世界性的问题，更是我国城市普遍面临的当务之急。

(一) 城市水污染与危害

人类活动会使大量的工业、农业和生活废弃物排入水中，使城市用水资源受到污染。目前，全世界每年约有 4200 多亿立方米的污水排入江河湖海，污染了 5.5 万亿立方米的淡水，这相当于全球径流总量的 14% 以上。

135

水的污染有两类：一类是自然污染；另一类是人为污染。当前对水体危害较大的是人为污染，主要由人类活动产生的污染物而造成的，包括工业污染源、农业污染源和生活污染源三大部分。

工业废水为水域的重要污染源，具有量大、面广、成分复杂、毒性大、不易净化、难处理等特点。农业污染源包括牲畜粪便、农药、化肥等。农药污水中,一是有机质、植物营养物及病原微生物含量高;二是农药、化肥含量高。生活污染源主要是城市生活中使用的各种洗涤剂和污水、垃圾、粪便等,多为无毒的无机盐类,生活污水中含氮、磷、硫多,致病细菌多。我国每年约有 1/3 的工业废水和 90% 以上的生活污水未经处理就排入水域,全国有监测的 1200 多条河流中, 目前 850 多条受到污染,90% 以上的城市水域也遭到污染,致使许多河段鱼虾绝迹,符合国家一级和二级水质标准的河流仅占 32.2%。日趋加剧的水污染,已对人类的生存安全构成重大威胁,成为人类健康、经济和社会可持续发展的重大障碍。据世界权威机构调查,在发展中国家,各类疾病有 8% 是因为饮用了不卫生的水而传播的, 每年全球至少有 2000 万人因饮用不卫生水而造成死亡,因此,水污染被称作"世界头号杀手"。

我国已提出社会经济可持续发展和保护人民身体健康的战略,对整治水域污染采取了一系列强有力的措施,决不能再走先污染后治理的老路,为了拥有洁净的水环境,保护水资源,应当从现在做起,从自身做起。

(二) 城市污水的特征

城市污水是城市生活污水与工业废水的混合物, 按来源不同,可分为生活污水、工业废水和径流污水。

城市生活污水主要来自家庭、机关、商业和城市公用设施,含有致病微生物。其中主要是粪便和洗涤污水,集中排入城市下水道管网系统,输送至污水处理厂进行处理后排放。其水量水质明显具有昼夜周期性和季节周期变化的特点。

　　城市工业废水在城市污水中的比重,因城市工业生产规模和水平而不同,可从百分之几到百分之几十。其中往往含有腐蚀性、有毒、有害、难以生物降解的污染物。因此,工业废水必须进行处理,达到一定标准后方能排入生活污水系统。生活污水和工业废水的水量以及两者的比例决定着城市污水处理的方法、技术和处理程度。

　　城市径流污水是雨雪淋洗城市大气污染物和冲洗建筑物、地面、废渣、垃圾而形成的。这种污水具有季节变化和成分复杂的特点,在降雨初期所含污染物甚至会高出生活污水多倍。

　　城市污水中 90% 以上是水,其余是固体物质。水中普遍含有以下污染物,即:悬浮物、病原体、需氧有机物、植物营养素。由于污染源不同,城市污水中还可能含有多种无机污染物和有机污染物。如果不经处理就排入地面水体,会使河流、湖泊受到污染,进而会直接或间接的影响城市居民的身体健康。但城市污水水量非常大,如全部进行污水二级处理,投资极大。因此,结合具体情况研究经济有效的处理措施,是环境保护的重大课题之一。

(三) 城市污水的处理

1. 城市污水处理方法污水处理一般分为生产污水处理和生活污水处理

　　生产污水包括工业废水、农业污水以及医疗污水等,而生活污水就是日常生活产生的污水,是各种形式的无机物和有机物的复杂混合物。

处理污水的方法有以下几种：

（1）物理法。主要处理对象是污水中所含有的大量悬浮物，一般采用机械设备使其沉淀而加以去除。

（2）化学法。利用化学反应分离污水中污染物质的处理方法，通过加入化学药剂与水中污染物发生反应，从而达到污染物质无毒、无害化的处理效果。该法主要用于工业废水的处理，依据工业废水的来源、性质和危害确定合适的化学药剂、投加量以及处理方法，主要有中和、电解、氧化还原和电渗析、气提、吸附、吹脱、萃取等。

（3）生物法。利用微生物的这一生理功能，适当采取一定的人工强化措施，创造有利于微生物生长、繁殖的良好环境，加速微生物的增殖及其新陈代谢生理功能，从而使污水中的有机物得以降解、去除。主要可分为两大类：利用好氧微生物作用的好氧氧化法和利用厌氧微生物作用的厌氧还原法。目前城市生活污水排放已是我国城市水体的主要污染源，城市生活污水处理是当前和今后城市节水和城市水环境保护工作的重中之重，这就要求我们要把处理生活污水设施的建设作为城市基础设施的重要内容来抓。面对资源型缺水和城市水污染的双重压力，污水处理及其综合利用涉及建筑、农业、交通、能源、石化、环保、城市景观、医疗、餐饮等各个领域，也越来越多地走进寻常百姓的日常生活。

2.城市污水处理工艺

城市污水处理分为三个级别,即污水一级处理、污水二级处理、污水三级处理。一级处理应用物理处理方法,即用格栅、沉沙池、沉淀池等构筑物,去除污水中不溶解的污染物和寄生虫卵;二级处理应用生物处理方法,即主要通过微生物的代谢作用进行物质转化的过程,将污水中各种复杂的有机物氧化降解为简单的物质;三级处理是用生物化学(硝化—反硝化)法、碱化吹脱法或离子交换法除氮,用化学沉淀法除磷,用臭氧氧化法、活性炭法或超过滤法去除难降解有机物,用反渗透法去除盐类,用氯化法消毒等单元过程的一种或几种组成的污水处理工艺。

一些工业发达国家的城市污水处理开始较早,一般以一级处理为预处理,二级处理为主体,三级处理很少使用。这些国家都在努力普及二级处理,污水处理厂的规模越建越大,正向工艺操作自动化方向发展。

139

(四) 城市污水处理的发展趋势

从国情出发,在未来一段时间,我国城市污水处理仍将面临一些问题。氮、磷等营养物质的去除仍为污水处理的重点和难点,工业废水治理开始转向全过程控制,单独分散处理转为城市污水集中处理,水质控制指标越来越严格,由单纯工艺技术研究转向工艺、设备、工程的综合集成与产业化及经济、政策、标准的综合性研究,将污水再生利用提上日程,中小城镇污水污染与治理问题开始受到重视。

保护水资源,防治水污染是当今一个世界性问题,更是我国城乡普遍面临的当务之急,特别是在我国城市化、工业化程度较高的城市区域。与世界上许多更加缺水的国家相比,我国其实还有很大的节水空间,寻找与我国未来水管理体制相适应的高新水处理技术具有重要的现实意义[1]。

人工湿地技术是一种近自然型水质净化新技术,该处理技术以其低的投资运行费用、良好的处理效果和显著的生态效益等优点,成为水处理技术的重要发展方向,涉及人工湿地的研究如火如荼,在工程上的应用日趋增多,其中以潜流湿地为多,在城市废水、生活污水、污染河水等水处理领域取得了较高的环境效益和社会效益。

---

① 李洪远、文科军:《生态学基础》,化学工业出版社 2006 年版,第 252 页。

二、城市生活垃圾处理

用科学术语说,"生活垃圾是伴随日常生活必然产生的一些废物",但对待垃圾的态度却有很大的差异。所以说垃圾问题是环境问题、经济问题,也是观念问题。

(一) 我国城市固体废物污染存在的问题

1.废渣产生量大

据有关部门统计,工业废渣量约为城市固体废物排放量的3/4,另有数量可观的生活垃圾,现在许多城市生活垃圾的增长速度大于工业废渣的增长。

2.废渣综合利用率低

工业废渣综合利用率虽逐年有所增长,但增长速度缓慢。同时,城市垃圾无害化处理甚少。

3.城市固体废物目前基本上都是露天堆放,占用大量土地

全国有数十个城市废渣堆存量在 1000 万吨以上。各种废弃物露天长期堆放,日晒雨淋,可溶成分溶解分解,有害成分进入大气、水体、土壤中,造成二次环境污染。

解决垃圾问题的目标是实现"减量化、无害化及资源化"。目前,垃圾的处理方式主要包括填埋、焚烧、堆肥等技术,其中运用最为广泛的技术就是填埋和焚烧。不同垃圾处理方式方法的选择与经济发展水平、人口密度、土地、周边条件、垃圾成分特性、环保意识等息息

141

相关。在日本、新加坡、瑞士等人口密度高的国家多以焚烧处理技术为主,焚烧处理垃圾的比例达到75%至85%,而人口密度相对较低的美国等则以填埋处理技术为主,填埋处理垃圾的比例为67%。我国到2005年底已建成垃圾焚烧厂67座,焚烧处理垃圾的比例达到9.9%。预计未来十年我国城市生活垃圾焚烧处理将得到很大发展,但垃圾焚烧及发电项目应通过完善相关的法规和标准,强化环评管理,提高监测水平,强化日常监督管理等工作使其发挥垃圾处理"减量化、无害化、资源化"的优势并保证其健康发展。

(二) 城市生活垃圾不同处理方式优点、缺点对比

卫生填埋法具有技术比较成熟,操作管理简单,处理量大,投资和运行费用低,适用于所有类型的垃圾等优点。但也具有明显缺点:减容、减量化效果很差,资源化水平很低,占用大量的土地资源,场址选择日益困难,垃圾渗滤液污染地下水及土壤,臭气污染大气,垃圾发酵产生的甲烷气体既是火灾及爆炸隐患,排放到大气中又会产生温室效应。

高温堆肥可以杀灭垃圾中的病菌,可提供有机肥。但下列缺点限制了其应用:只适用于易腐有机质含量较高的垃圾,存在产品质量与市场问题,占地面积较大且臭气影响较重,气体可能对大气造成污染,产品可能污染土壤,特别是一些重金属在土壤中富集将随食物链进入人体。

焚烧法具有处理效果好,处理周期短,占地面积小,选址灵活,燃烧的热量可用来发电等优点。但同时也存在仅适用于有机

垃圾,且焚烧管理不当会造成二次污染等缺点。

(三) 城市生活垃圾处理技术概况

目前,全世界共有生活垃圾焚烧厂近 2200 座,其中生活垃圾焚烧发电厂约 900 座;总焚烧处理能力为 57.6 万吨 / 日,年生活垃圾焚烧量约为 1.5 亿吨。这些焚烧设施绝大部分分布于发达国家和地区,约 35 个国家和地区建设并运行生活垃圾焚烧厂。按年处理量分析,其中欧盟 25 个国家年焚烧处理占 35%,其次日本占 27%,美国占 22%,东亚部分国家和地区(中国、韩国、新加坡、泰国等)占 12%,其他国家和地区(俄罗斯、乌克兰、加拿大、巴西、摩纳哥等)占 4%。

哈尔滨市今后会对公共场所的环境卫生进行评比

(四) 我国垃圾处理技术概况及发展趋势

据统计,1990 年中国城市垃圾的总产量为 6900 万吨,2000年全国城市垃圾的总产量已达 1.4 亿吨,平均年增涨 7.4%。2000年到 2010 年,按年增涨 4%计(根据对 418 个大、中城市的调查统计,近年城市生活垃圾是以约 4%至 6%的速度递增),年垃圾产量达约 2 亿吨。全国 600 多座城市中,有 200 多座已为垃圾山所包围。垃圾的长期露天堆放对大气环境、地下水和土壤等已经了明显的威胁和危害。

"十五"期间,我国生活垃圾处理得到前所未有的发展:2005 年生活垃圾填埋场为 366 座,垃圾填埋处理量 6857.1 万吨 / 年,与 2000 年相比填埋处理能力增加 16%。2005 年垃圾焚烧及发电厂为 67 座,垃圾焚烧处理量 791 万吨 / 年,与 2000 年相比焚烧处理能力增长了 10 倍,但焚烧处理垃圾的比例仅占 9.9%。

监测结果表明,目前全国尚无一家城市生活垃圾填埋场所排放的污染物全部指标均达到国家标准。我国许多地区人口密度高,特别是东部沿海地区的城市,土地资源非常宝贵,焚烧处理会逐步发展成为这一类地区生活垃圾处理的重要手段。预计未来 10 年城市垃圾焚烧处理将得到很大发展。根据我国"十一五"期间焚烧厂及能力建设规划,"十一五"期间我国新改扩建垃圾焚烧及发电厂 82 座(新增焚烧处理能力 7 万吨 / 日),其中东部地区新改扩建垃圾焚烧及发电厂 56 座(新增处理能力 4.51 万吨 / 日)。

我国特别是东部发达地区,人多地少、土地资源非常紧张,建立在分类回收处理系统之上的垃圾焚烧处理必将成为未来垃圾处理的主要方式。垃圾焚烧及发电项目由于公众担心环保措施投运率及环保监管不力、厂址附近的房地产开发商和住户出于自身利益角度考虑等原因,引起的法律诉讼或群体性环境事件等环境纠纷日趋增多,但只要加强此类项目的管理,污染是可以控制的。

三、公共环境卫生

城市公共环境问题已成为人们比较关注的话题,环境污染现象也越来越普遍,因此,解决城市环境问题显得更加刻不容缓。

(一)常见的公共环境卫生问题

城市发展的规模和文明程度是由城市的历史决定的。城市规模不同,其各项社会事业发展水平也各不相同。环境卫生是城市文明形象的最直接表现。不同城市的环境卫生管理,既有共性也有个性,经过几年的监察管理实践和认真分析,对城市公共环境卫生方面存在的主要问题及解决措施进行了研究和探讨。概括起来,主要包括以下几个方面:

1.城乡结合部卫生死角及野垃圾场问题

随着城市的不断发展,城乡结合部卫生死角及野垃圾场或多或少存在,就近倾倒和乱倒问题比较突出,造成极坏影响,并对地下水造成污染,对子孙后代健康贻害无穷,与建设现代化城市的要求不相适应,与城市的文明发展与进步相背离。

解决办法:实行城乡生活垃圾统一处置,逐步把城乡结合部农村环境卫生纳入公共服务体系,政府加大对垃圾收集点建设和垃圾容器购置投资力度,各街道和村设置垃圾箱或小型中转站,集中收集,集中运输,集中处理,着眼长远,最大限度地减少乱扔乱倒垃圾造成的环境污染,为后代造福。

2.城市环境卫生多头管理,结果造成管理真空

随着城市建设的飞速发展,城市设立开发区、出口加工区、保税区、高新区等相继出现,各区域对环境卫生的管理标准不统一,环境卫生管理状况、管理效果也参差不齐。另外有房管部门、小区物业、农贸市场、夜市、广场、停车场、洗车场、绿地、海岸线、河道等多部门、多头管理环境卫生现象。

解决办法:由政府出面,理顺环境卫生管理体制,建立健全城市环境卫生管理和监察网络,化多头管理为统一管理,城市环境卫生行政主管部门出台和下发相关文件,按规定吸收相关单位的环卫保洁资金,统一由环境卫生管理部门实行无缝隙保洁,责任清,任务明,减少漏洞,提高保洁管理水平,力促城市清洁卫生。

3.城市繁华地段的卫生保洁问题

现在许多城市都是白天保洁,夜间卫生无人问津,商业区、繁华路段和人员密集区相应产生的垃圾杂物也在增加, 若没人保洁,势必造成垃圾堆积和塑料袋随风飘移,只好等到第二天才能清扫保洁,直接影响城市环境卫生的面貌。

解决办法:对于城市商业区、人流密集地段试行两班倒的保洁方法,白天有人管,晚上有人扫,这就需要增加保洁资金投入,增加保洁员数量。通过加大保洁时间和密度,最终达到清洁城市的目的。

4.垃圾容器陈旧破损影响市容环境问题

城市各区经济发展不平衡, 对环卫事业的资金投入也不同。有的区环卫设施新颖完好,有的区垃圾容器陈旧、破损严重,数量

不足,甚至产生清运不及时、箱外垃圾长期堆积的现象,造成恶性循环,长此以往,极易影响市容环境和百姓生活,影响招商引资和政治、经济等各项社会事业的发展,影响城市文明形象。

解决办法:垃圾容器属于单位内部并由单位、物业部门管理的,自行出资到环卫指定经销单位购买;属于环卫部门自身管理的,及时更换、更新或维修,对于使用的铁制容器及时油漆冲刷,使垃圾设施及收集点面貌一新,建立巡回保洁清洗队伍,使垃圾容器始终保持干净整洁。对于垃圾容器数量不足的,及时增设垃圾容器,确保覆盖率,保证日产日清。

5.城区及其周边旱厕的保洁管理问题

由于城市规模的不断膨胀,旧城改造的不断加快,一方面,老城区的旱厕在急剧减少,另一方面,不少近城农村规划到城区范围之内,企业招工增加,可耕地数量和种粮的人员减少,房地产又在村子外围开发,城中村越来越多,这些村民旱厕产生的粪便已经不再用作庄稼、果树等农用肥料,粪便随意倾倒在路边、河道或是树林的现象时有发生,形成了新的环境污染源。

解决办法:根据旱厕增加数量和作业范围,增加粪便清运车辆设备和清掏工人,建设相应的粪便资源化、无害化处理场所,由环卫部门负责,使旱厕统一清掏、统一运输、统一处理,形成一条龙服务模式,杜绝乱倒现象,减少对环境的污染。

6.公厕建设和管理问题

不同城市,公厕建设和管理情况不同,有的存在公厕数量少、管理标准不一、服务水平不高的问题。有的城区虽然建设和安装了公厕,但开放利用率较低,同类公厕收费标准也不一致,给城市管理造成负面影响。

解决办法:由环境卫生主管部门对辖区统一规划建设公厕,统一管理标准,对城区现有公厕统一整治,统一管理服务和收费标准,推广并参观学习好的管理模式,提高管理水平,更好服务于市民百姓。

7.运输粘带和撒漏问题

建筑垃圾和生活垃圾的运输撒漏是城市道路污染的重要问题。造成道路污染的原因有:运输车辆在运输过程中超载、封闭不严或设备破旧造成撒漏;建筑工地出入口因车轮碾压形成粘带等。另外,夏季垃圾运输车辆的污水撒漏,雨污混合,污水增多,再加上积压车操作压缩后污水排放不及时,运输途中刹车大量污水晃出,造成城区环境二次污染。

解决办法:建立健全建筑垃圾管理的相关行政法规。从严执法,对超载运输和封盖不严加强管理,特别是冬季煤炭运输、散装建筑垃圾等要采用封闭的车辆运输,对污染的路面要求责任单位及时清理,直至恢复原貌。加强对工地出入口监督管理,要求出入口硬化,并及时水洗车胎和冲刷带出的黄泥,确保出入口清洁,减少粘带的发生。加强对夏季生活垃圾运输车辆的管理,要求所有满载车辆就近排放污水后再行运输,把垃圾污水消灭在运输起步之前,最大限度地确保城市道路路面不受污水撒漏的污染。

8.加大环境卫生监察管理力度

城市环境卫生管理保洁的不平衡,乱扔乱倒形成的卫生死角,运输的撒漏等方面城市环卫问题时常可见。城市环卫管理必须加大监督检查力度,这就要求组织专业的环卫监察队伍,对城区进行日查、周查和月查,并及时提交检查汇总报告。建立周报、月报反馈制度,检查情况及时反馈给相关环卫部门,限期督促整改,促进环境卫生问题的迅速整改和提高,以达到清洁城市的目的。

解决办法:环卫监督检查的内容要根据市容环境卫生管理标准、作业规范和考核办法,对城区环境卫生进行全面监督、检查、考核。每天有记录,建立健全周报、月报制度。每周对城区环卫考核情况进行汇总反馈,督促整改和提高。每月对城区考核情况汇总报环卫行政主管部门。根据不同季节,重点加强对不同内容的监管。

9.冬季迅速清理积雪,恢复道路交通问题

北方冬季,时常有大暴雪,不仅人行和车辆交通压力大,而且城市道路也无法清扫保洁,容易形成垃圾大量积压,清运困难,甚至形成新的垃圾死角。

解决办法:要提高全民扫雪意识。下雪后分片包干,责任到人。环卫、养管、排水、园林、自来水、社区等各相关清理积雪的部门提前准备好融雪剂和清理积雪的机械,迅速出动,扬撒融雪剂。大雪停后,及时外运,并按要求倾倒到指定地点。

149

(二) 环卫工人——城市美容师

环卫工人是市容环境卫生的排头兵和主力军,而市容环境卫生是创建"国家卫生城市"能否成功的关键因素之一,作为环卫工人群体,他们在创建活动中承担的压力更大,任务更重。因此,尊重环卫工人的辛勤劳动,减轻环卫工人劳动强度,珍惜环卫工人的劳动成果,最大限度地调动环卫工人的积极性,使其努力发挥排头兵和主力军作用,应是创建"国家卫生城市"过程中的一项重要工作,需要全社会共同关注,全力配合。

尊重环卫工人劳动,提升市容环卫整体水平,进而创建国家级卫生城市,人人有责。"创卫"不只是环卫部门的事,而是在政府的领导下,在城管、建设、规划、财政、环保、卫生、爱卫会等部门和社会各界全力支持配合下的一个有机整体。

总之,每个人的心中都应该树立"创卫"的意识,全社会都应该行动起来,关注环卫事业,关心环卫工人。

第八章 社区环境
——城市环境美化的基础

在我国，社区主要是指城市及乡镇的各类居住区。随着社会的发展，社区的内涵也在不断的充实与发展，如当下比较流行的各种网络社区。本书中所指的社区主要是城市中的各种类型的居民区。

所谓社区环境，相对于作为社区主体的社区居民而言的，是社区环境区主体赖以生存及社区活动得以产生的自然条件、社会条件、人文条件和经济条件的总和。可理解为承载社区主体赖以生存及社会活动得以产生的各种条件的空间场所的总和，属于物质空间的范畴。社区环境的好坏直接影响到居民的生活质量，一个社区的外在景观环境更是城市景观形象的重要元素，影响到城市环境的美化，是城市环境美化的基础。

151

一、社区环境的空间布局与美化

空间布局是对某一个空间的划分与处理，如果一个空间平铺直叙，这样的空间展现给别人的就是一览无余和单调乏味，因此,空间布局要进行细致的设计,以此来丰富一个空间的功能划分与视觉感受等。社区的空间布局也同样存在这样的问题,一个社区如果空间处理上过于简单,会给人感觉社区环境单调,如果能在空间处理上对社区的空间行进合理、周密的划分与设计,会给大大丰富社区的环境层次,从而从社区规划层面上美化社区的空间。

(一) 社区环境的空间处理

社区环境的空间布局设计是社区空间环境设计的基础,好的社区空间布局设计就像好的家庭环境布置一样,需要什么东西或者需要去哪儿的时候居民一目了然,行走方便。

社区环境的空间布局一般都会使用"点线式"的结构来处理,如一湖二轴三岛、一山二水三轴等形式进行概括。社区中不同功能区的划分和布局处理也由此而产生,并精心设计,以社区中人的需求为基点,进行社区空间的全面优化。

甘肃庆阳市西峰生产生活基地住宅区的总体设计就采用了一湖二轴三岛的设计思路,围绕一个天然湖进行总体规划,轴线设计成南北走向的生态景观轴线和东西走向的人文景观轴,三岛则是将社区分为三大岛状居住组团。使得原本一整块的社区能以三条不同的生态景观轴线快速与水体相联系;而三个不同居住组团又以东西走向的人文景观轴线相联系,形成以人为本的良好空间布局。

（二）社区景观轴线

景观轴线分主轴线和次轴线，主轴线是一个场地中把各个重要景点串联起来的一条抽象的直线，次轴线是一条辅助线，把各个独立的景点以某种关系串联起来，让方案在整体上不散，作为它们的骨架。社区景观轴线的设计主要是从社区自身的景观形象表现来说，一个好的社区环境，应该有自己的景观轴线和景观次轴线，通过这些轴线的精心设计，最终提升社区的整体景观环境形象，从而达到美化环境的要求。

甘肃庆阳市西峰生产生活基地住宅区鸟瞰图中
南北走向的生态景观轴线

153

（三）社区道路体系

社区的道路体系基本上分为主干道和人行通道，道路设置的目的也不完全一样。如城市道路主要考虑快捷和分流等方面，而社区的道路中只有主干道需要考虑这些，其他道路系统则主要考虑社区中不同人群的需要，这样道路的设计就可以淋漓尽致的体现"以人为本"的原则。

（1）道路设计体现人的需求，对人的关爱。

（2）道路设计美化社区景观环境。比如深圳中信红树湾小区的道路设计就体现的比较明确，采用不同造型、不同材质、不同氛围的道路设计，形成小区丰富而又有味道的道路环境，从而优化和美化了该小区的整体景观环境。

深圳中信红树湾社区中的道路设计

二、社区的整体景观形象与美化

（一）社区环境的造型风格

社区环境的造型风格，主要根据社区的定位和建筑形式而定。如别墅居住区和高层居住区的社区定位有很大不同,相应的建筑体量和建筑风格也会有显著区别。社区环境的整体风格还是以社区内建筑风格为基准进行丰富与拓展。

确定好社区定位和建筑风格后的社区,在景观环境的设计与美化上,造型元素一般以已有的建筑造型元素为基础,进行延伸和变化,与整体的社区定位、建筑风格相配套,有利于形成一个良好的社区视觉形象。

(二) 社区环境的色彩搭配

一般情况下,植物作为小区空间中的主要造景元素,决定了在大部分小区景观中,尤其是城市公园、绿地中都是以绿色为基调色,而建筑、小品、铺装、水体等景观元素的色彩只作为点缀色出现。社区环境色彩的设计,还要综合考虑到社区中建筑物的体量,在别墅或低密度住宅社区中,建筑本身的色彩搭配对社区环境的影响不占主导地位;但在高层住宅社区中,建筑本身的色彩搭配对社区的整体景观色彩及环境有着决定性作用,因此,在这一类社区中建筑本身的色彩搭配与设计就显得尤为重要,对社区的景观环境有着决定性意义。

155

但不管是以绿色为主,还是以其他颜色为主,小区景观空间色彩设计都要遵循色彩学的基本原理,运用色彩的对比与调和规律,以创造和谐、优美的色彩为目标。

三、社区绿化环境

(一) 社区绿化的作用

社区绿化除了一般绿化的意义之外，担负着社区绿化造景、分割空间、营造优美环境等任务。

(1)补充空气中的氧。绿化植物在进行光合作用时，吸收空气中的二氧化碳，放出氧气。

(2)吸收大气中的有害气体。许多植物具有较强的吸收过滤大气中有害气体的能力。

(3)防尘。植物的叶面和茎能拦截、过滤、吸附或黏着悬浮于大气中的各种颗粒物。草地不但能固定地皮表面的土壤，而且能防止二次扬尘现象。

(4)防风。绿化是防风的有效措施之一，树干、树枝和树叶都能阻挡气流前进。

(5)减噪。声音遇到植物的阻碍时，立即由直线传播变为分散式传播，其强度变弱。故树木与植物能起到隔音墙与消声器的作用。

(6)改善微小气候。茂密的树冠能阻挡太阳的辐射，同时部分阳光可被树木和其他植物吸收和反射，从而减少了炎热程度和严重的日晒现象。

(7)划分与隔离社区不同功能区。既增加了社区的绿化环境，又通过植物对空间进行软分割。如绿化隔离带就是这一功能的典型体现。

（8）造景。采用不同层次、不同季节、不同品种的植物进行四季造景,形成社区丰富的自然景观效果。

利用高大的乔木和较低的灌木以及草坪等创造三个不同高度层次的植物景观,是植物造景过程中最常用的手法。

另外,还可以根据植物花期的时间,让社区内不同季节呈现出完全不同的植物景观效果。如天津花期超长的月季花,几乎在春、夏、秋三个季节都能看到。

天津不同社区内的藤本与木本月季花

(二) 社区立体绿化

城市立体绿化是城市绿化的重要形式之一,是改善城市生态环境,丰富城市绿化景观重要而有效的方式。发展立体绿化,能丰富城区园林绿化的空间结构层次和城市立体景观艺术效果,有助于进一步增加城市绿化量,减少热岛效应、吸尘、减少噪音和有害气体,营造和改善城区生态环境。

如 2010 上海世博会法国馆、英国馆等的立体绿化做得十分成功。法国馆内高达 20 多米、环绕整个室内空间硕大悬空的绿柱，让所有进入馆内的游客为之震撼。英国"零碳馆"通过高科技手段综合利用了太阳能、风能和生物能三种核心能源，实现二氧化碳零排放，为可持续建筑创造了新的标准。在"零碳馆"屋顶上，设计了屋顶绿化和露台菜园，有效地降低了屋顶表面温度和室内温度。

2010 上海世博会英国零碳馆

四、社区小品景观

(一) 什么是社区小品

景观小品是景观中的点睛之笔，一般体量较小、色彩单纯，对空间起点缀作用。小品既具有实用功能，又具有精神功能，包括建筑小品——雕塑、壁画、亭台、楼阁、牌坊等;生活设施小品——座椅、电话亭、邮箱、邮筒、垃圾桶等;道路设施小品——车站牌、街灯、防护栏、道路标志等。景观的总体效果是通过大量的细部艺术加以体现的,景观中的细部处理一定要做到位,因为在大的方面相差不大的情况下,一些细节更能体现一个城市的文化素质和审美情趣。在景观设计中,艺术因素不可或缺,正是这些艺术小品和实施,让空间环境生动起来。

(二) 社区小品种类

1.雕塑小品与装置艺术

雕塑是用传统的雕塑手法,在石、木、泥、金属等材料上直接创作,反映历史、文化和思想、追求的艺术品。装置艺术是"场地＋材料＋情感"的综合展示艺术。

159

不同类型的社区雕塑及装置

不同类型的社区雕塑及装置

2.座椅

座椅是景观环境中最常见的户外家具种类,为游人提供休息和交流的场所。设计时,路边的座椅应推出路面一段距离,避开人流,形成休息的半开放空间。景观节点的座椅实施设置应设置在背景而面对景色的位置,让游人休息的时候有景可观。

设计不同的各式户外座椅

3.指示牌

社区内的各类信息指示牌、导向牌、停车用的塑料牌、社区公园提示牌等都属于指示牌的范畴。在功能上需要防水、防晒、防腐蚀,所以在材料上,多采用铸铁、不锈钢、防水木、石材等。

设计不同的各式指示牌

4.灯具

灯具也是景观环境中常用的户外家具,主要是为了方便游人夜行。社区灯具选择与设计要遵守以下原则:

(1)功能齐备,光线舒适。

(2)艺术性要强,灯具形态具有美感,光线设计要配合环境。

(3)与环境气氛相协调。

(4)保证安全。

161

上海中星清水湾的路灯

5.垃圾箱

垃圾箱是环境中不可缺少的景观设施,是保护环境、清洁卫生的有效措施,垃圾箱的设计在功能上要注意区分垃圾类型,有效回收可利用垃圾,形态上要注意与环境协调,并利于投放垃圾和防止气味外溢。

造型设计不同的各式垃圾桶

6.自行车停放架

（1）自行车停放设施设计主要形式。

固定的停车柱

活动式停车架

综合式停车架

（2）自行车停放架的设计原则与要求。

节约空间,功能方便;利用已有景观建筑;简洁明了,造型不宜复杂。

(三) 社区小品景观气氛的创造

1.精致点缀

社区小品如同点睛之笔一样美化着社区的景观。

2.个性小品

这一类社区小品是作为亮点置入到社区景观中的,不但能突出城市景观,更能提升社区景观的独特性,提升社区个性化的整体环境形象。

个性小品一般情况下需要有优美的造型和独特的思想内涵。英国设计师 Ross Lovegrove 设计的"豆壳"种植器,将城市景观中的种植器(花盆)能够以艺术品的品质展示出来。

"豆壳"种植器

3.气氛营造

社区小品对社区景观形象的营造还体现在对整体景观形象的气氛营造和烘托。景观气氛的营造则是从更大的范围对景观形象进行影响。由于社区小品参与了社区景观形象的构建，其在体量上是比较大的或者是由多个小品共同组成的连续性的造型。

五、社区的娱乐健身设施

娱乐健身设施对社区的整体环境也有很大的影响，一是从视觉形象上点缀社区的整体景观环境形象，形成丰富的造型效果；二是增强社区的便利性与居住功能，从而提升小区的人文环境，提升小区的生活质量。

(一) 公共游乐设施设计与美化

公共游乐设施是儿童及成年人可以共同参与使用的娱乐和游艺性系列设施，主要满足人们游玩、休闲的需求，使人的心智和体能得到锻炼，丰富人们的生活内容。

165

公共游乐设施分为观赏设施和娱乐设施。

1.日常生活中的游乐设施主要类型

主要包括儿童游乐设施和成人游乐设施。

国外某社区儿童游乐设施之一

2.公共娱乐设施的主要特点

(1)设施的安全性,这是最基本也是最首要的要求;

(2)设施的合理性;

(3)设施的引导性;

(4)设施的景观协调性;

(5)设施功能的开放性,公共游乐设施在功能上不是固定的。

巴黎拉维莱特公园的儿童娱乐活动区

（二）公共健身设施设计的设计与美化

公共健身设施普遍设置在居民区的公共场所中，体现了社会对人们的关爱。一般设置在居民区附近，也有设置在公园、城市广场等地方。具有占地面积小、造型灵巧、安全性能好、易操作、趣味性、装饰性等特点，多以几种健身器械的组合形式出现，成为环境中的装饰元素。

1.公共健身设施的种类

社区中的公共健身设施

主要有中老年人健身设施和青年人健身设施。

健身设施

2.公共健身设施的主要特点

(1)公共健身设施的易操作性；

(2)公共健身设施的娱乐性。

另外,公共健身设施还具有景观协调性和功能开放性,这一点同公共娱乐设施是一致的。

六、社区环境治理

(一) 社区环境的可持续性

社区环境美化中,环境治理起到至关重要的作用。最好的社区环境应该是一个与社区内居民长期互动的维护过程。美好的社区环境是人与环境相互作用的一个结果。因此,在创建美好社区环境的过程中,社区环境的治理是一个不可忽视、必不可少的过程。

美化的环境需要人的参与和维护,才能保证美好环境的可持续性,但是,如果人类对一个环境的干预过多,也会出现对原有美好环境的破坏。对于一个社区来说,其社区环境系统相对很小,对外来的干预抵抗能力自然也就很弱,如果没有专门的环境治理人员的维护,可以说社区环境对外在干扰几乎没有抵御能力。因此,社区环境治理,首先需要人的参与,既包括专门从事社区环境治理的专业园林护理人员,也包括社区里生活的所有人。

(二) 社区环境治理的内容

社区相对一个城市来说,是一个更小的系统,涵盖的内容比一个城市要小得多,主要是社区小环境的防污染与环境管理、美化。

1.社区环境的防污染

社区内一般都有大量的居民居住,是一个人口相对密集的地方,各种污染源都应该禁止。如水污染、大气污染、噪声污染、放射性污染等。

社区内的水污染主要是指社区内地表水系的污染。

社区内的大气污染主要同周边的城市环境有关系,如周边有各类工厂或施工工地等,社区内的空气质量会直接下降。

社区的噪音污染治理,主要通过隔音设施、隔音绿化带等来实现。

2.社区环境的管理

主要针对已经建好的社区环境,要有一个专业的养护人员对其进行治理。

3.社区环境的美化

社区环境在原有基础上,还可以通过环境治理做到不断美化,如对社区植被的养护与更新、对社区四季景观的设计、对社区景观灯的设计、对社区健身娱乐设施的提升与设计等。对一个成熟社区,会根据不断发展的新理念、新主张对社区环境进行整体的规划与设计,增强社区环境的文化内涵,形成有特色的社区环境。这一层次也是社区环境治理的最高层次,需要投入更多的是社区软环境的提升和文化内涵的建设。

(三) 社区垃圾的分类处理

垃圾分类,是将垃圾按可回收再使用和不可回收再使用的分类法为垃圾分类。大部分垃圾会得到卫生填埋、焚烧、堆肥等无害化处理,而更多地方的垃圾则常常被简易堆放或填埋,导致臭气肆虐,并且污染土壤和地下水体。

1.分类处理的优点

减少占地:生活垃圾中有些物质不易降解,使土地受到严重侵蚀。垃圾分类,去掉能回收的、不易降解的物质,减少垃圾数量达 60%以上。

减少环境污染:废弃的电池含有金属汞、镉等有毒的物质,会对人类产生严重的危害;土壤中的废塑料会导致农作物减产;抛弃的废塑料被动物误食,导致动物死亡的事故时有发生。因此回收利用可以减少危害。 如果不进行分类处理,废弃的电池盒塑料就无法回收,从而产生大量的污染。

变废为宝:中国每年使用塑料快餐盒达 40 亿个,方便面碗 5 至 7 亿个,一次性筷子 10 亿个,这些占生活垃圾的 8%至 15%。1 吨废塑料可回炼 600 公斤的柴油。回收 1500 吨废纸,可免于砍伐用于生产 1200 吨纸的林木。一吨易拉罐熔化后能结成一吨很好的铝块,可少采 20 吨铝矿。生活垃圾中有 30%至 40%可以回收利用。

2.一般垃圾的分类

(1)可回收垃圾。主要包括废纸、塑料、玻璃、金属和布料五大类。 通过综合处理回收利用,可以减少污染,节省资源。

(2)厨余垃圾。包括剩菜剩饭、骨头、菜根菜叶、果皮等食品类废物,经生物技术就地处理堆肥,每吨可生产 0.3 吨有机肥料。

(3)有害垃圾。包括废电池、废日光灯管、废水银温度计、过期药品等,这些垃圾需要特殊安全处理。

(4)其他垃圾。难以回收的废弃物,通常根据垃圾特性采取焚烧或者填埋的方式处理。

171

3.日本的垃圾分类处理

最大分类有可燃物、不可燃物、资源类、粗大类、有害类,这几类再细分为若干子项目,每个子项目又可分为孙项目,以此类推。

日本社区内的分类垃圾箱

第九章 家庭环境
——追求高品质生活的前提

　　家庭是社会的最小细胞，家庭的安定直接影响到社会的和谐。家庭建设除了需要家庭成员自身努力等因素以外，家庭环境的建设更为重要，它是用量化指标来评判和衡量的环境因素，良好的家庭环境无疑会有利于人们身心健康。

一、家庭装修

　　家庭装修从表面上看只是对房屋室内建筑与陈设构件的包装，甚至有人认为它只是将生活的各种情形"物化"到室内房间之中的体现，其实家庭装修的真正意义是通过对装饰改造的过程，营造出适合家庭生活的和谐气氛。因此，室内装修不仅是为满足人们的生活需求的房屋设计，更是对家庭生活方式设计的延续。

173

（一）生活方式

　　生活方式是人们对物质生活的价值观、道德观、审美观以及与此相关的生活内容和生活习惯，包括人们的衣、食、住、行、劳动工作、待人接物、社会交往、休息娱乐等各方面内容。

随着社会生产力的发展及劳动水平的不断提高，现代人的工作时间在逐渐缩短，用于享受休闲的时光却在愈加增多。因此，人们给予家庭环境的时间也在随之增长，活动内容更为广泛，由量的满足日渐过渡到对质的追求阶段。人们的思想更具个性化，生活中随处充斥着艺术感，新时代特征接踵而至。具体表现如下：

（1）对环境质量要求更高，满足身体健康已不再是唯一的衡量标准。

（2）饮食结构更为合理化，并追求饮食文化特色。

（3）生活更具舒适性，卫生条件更具科学性，审美情趣更具艺术性。

（4）多种媒体介入使人们之间的沟通更为便捷，交流更为和谐，社会交往随之频繁。

（5）家庭保健意识增强，健身已成为生活的重要活动内容。

（6）现代家用电器在家务劳动中已承担主要"角色"，劳动强度随之降低。

（7）传统的家务劳动已变成现代的休闲活动乐趣。

此外，人类生活方式以家庭为基本单位，其因素是多种多样的，与地域环境、民族习惯、宗教信仰、社会地位、职业特征、经济收入、审美情趣乃至文化背景及教育程度等密不可分。同时，家庭成员的性别、年龄、性格、兴趣爱好也都是决定不同生活方式的制约条件。可见，生活方式不仅因人而异，更因家庭差异而不尽相同。故此,明确家庭成员的生活方式是准确定位家庭装修设计的先决条件,具体设计要针对具体家庭因素展开研究,虽有相似性但绝无相同性,更不能用所谓的模式生搬硬套地对待任何家庭装修设计。

(二) 生活需求

1.生活需求与功能

人类的一切活动都是为了满足某种需求,功能则是人类需求的基础,需求是功能的动机。功能与需求是密不可分的,只有切实满足需求的设计才是真正发挥该设计功能的体现。

生活需求,是人类生存与发展的直接生理反应。它会随着人类思想、情感、智慧及理想意志的主导性不断发展,以至于无限延伸。实际上,人类的一切创造性劳作,都始于满足其生活需求的目的，而家庭装修设计主要功能作用便是直接满足人类基本的生活需求。

2.生活需求的分类

使用生活需求,也可称物质生活需求。具体可划分为:

(1)生存需求:衣、食、住、行等生活基本条件;

(2)安全需求:寻求依赖和保护,避免危险与灾难;

(3)劳动需求:维持生存活动,提高发展条件;

(4)发展需求:包括人在生活、工作、事业、前途等方面的创造性发展与成长需求。

精神生活需求主要指人类心理生活基本要求。

因为存在决定意识，所以任何物质都会作用于人的心理,进而产生一定的心理需求。由于人的意识具有能动作用,因此人的精神生活需求相应也更具有主动性。实际上,人的心理活动是本能的,是人类对社会意识形态的直接体现。在家庭装修设计中必须科学地运用有关心理学方面的知识,恰当地满足人们精神生活的需求,继而才能真正提高家庭装修的整体质量。心理活动主要表现在心理特征,即关于能力、兴趣、性格和气质等多方面的特征。也正是由于人们心理特征的差异化,所以才会表现出不同的个性,而且人的个性心理具有稳定和可变的双重特点。这也正是要根据不同的家庭成员进行个性设计缘由所在。故此,家庭装修设计应在满足设计对象个性需求的同时,予以正确地引导,进而培养使用者美化的情操、善良的品质和健康的心理。

我们应以科学的态度对待使用功能,在尊重客观规律的前提下不断地进行研究、探索,进而创造出适合人类生存和发展所需,且更为先进和理想的家庭生活条件。

给人以奢华之感的新古典起居室

3.物质生活需求与精神生活需求的关系

在物质温饱的基础上,追求日益幸福的精神需求,是人类生产劳动和社会文明不断发展的原动力。使用功能与精神功能是设计功能体现的联合体,所以,物质生活需求和精神生活需求的有机结合,便构成了生活需求的总体概念。二者之间相互作用,是不可分割的整体。

"功能主义"对使用功能的理解存有积极的一面,就此可以引用借鉴,但过分强调物质而忽视精神的需求,甚至以使用功能完全替代整体功能的解释,都是极为片面的;相反,单纯艺术观点的"浪漫主义"在家庭装修室内设计中更是极不可取。现代生活方式

177

更注重二者的密切关系,所以现代室内设计更注重科学性与艺术性的完美结合,坚决反对为"形式"而"形式"的设计思想,因为设计的目的是为了功能的实现,而功能实现则是为满足不同使用者的个性需求。创造舒适、合理、理想的家庭室内环境,包含了人们对物质生活需求与精神生活需求的双重满足,这也正是人们对物质文明和精神文明共同追求的体现。

二、室内环境美化

现如今多数人一生中 2/3 的时间都在室内环境中度过,尤其对于现代都市人而言,他们的生活和工作在室内环境中的时间几乎已达到全天的 80%～90%。可见,室内环境的整体质量会直接影响人们的身心感受,美化室内环境势在必行。

在众多室内场所中,家庭室内环境以其独有的时间优势首当其冲矗立于美化进程中的统领位置。家庭室内空间的美化要根据不同房间的用途、空间的大小、建筑结构、家具的陈设以及家庭成员个人兴趣爱好等多方面因素进行因地制宜地布局。

(一) 整体气氛的把握

室内设计是一门塑造空间环境氛围的综合艺术,在满足功能的前提下,所有细节之处的协调统一都是为了整体空间最终气氛的营造,继而满足使用者的审美需求。而家庭装修设计的最终目的便是创造出高品质生活条件的居住环境,其中形式美的塑造与设计风格的准确定位极为重要。

1.形式美

（1）艺术美：艺术是以创造美感为目的，而设计所体现的艺术性是使用功能与精神功能交织在一起的综合体，较纯艺术而言，更趋于理性化。

（2）自然美：自然之美无处不在，这一切都是造就高品质家庭环境的灵感源泉。

散发自然美点的休闲空间

（3）技术美：人类的制作活动伴随着人类文明的发展而逐渐摆脱手工劳动，特别是产业革命以来，利用机器化的生产模式，已经将技术美的魅力尽其所能地展现出来，随之人们的审美意识也不得不带来重大的变革。现如今"技术"与"美"，几乎无法分割。

2.设计风格

设计风格主要体现整体的形象特征，多样性与统一性并存。人们的生活丰富多彩,思想也是千差万别,但在同一时代背景下、相同的地域及民族条件，其中所形成的风格必然会存在主导性。可见,风格对家庭装修的设计定位极为重要,它是使用者的精神功能需要,更是设计者灵魂的综合体现。

现代家庭装修设计的风格主要表现在如下几个方面:

(1)强调时代性:艺术风格具有多样性又有统一性,在不同的历史时期具有一定的主导性,而同一时期多样性的艺术风格上又表现出某种程度上的统一性。

(2)强调个性:家庭装修设计的个性特征应与具体使用者的需求相结合。

(3)强调民族性:不同民族因所处的历史、自然环境不同,在长期的社会生活中形成了不同的风俗习惯、宗教信仰、传统意识、生活方式及审美观点等文化生活特征,也孕育了不同的艺术形式特点,这便是风格的民族性,进而随之形成不同民族特征的室内环境设计风格。

异域风情的客厅

（4）强调艺术性：艺术基于生活又高于生活，风格是通过艺术形式来体现的，失去了艺术感染力的设计，随之也便失去魅力。

（5）强调家庭生活气氛：家庭环境是以家庭成员集合体为单位而相对独立的单元。营造生活情趣是创造家庭关系和谐、提高生活质量的重要因素，家庭装修设计的风格更是家庭生活情感特征的角色体现。

中式韵味的餐厅

(二) 建筑构件的美化

建筑构件是构成建筑物的个体要素,主要包括:楼(屋)面、墙体、柱子、基础等,每个部分都是整体建筑不可分割的组成单位。在进行室内装修设计之前,深入明确构成建筑的个体构件是极为必要的,进而才能对其进行科学的整合。家庭室内空间与其他公共空间相比,属于相对较小的单位,可以将其建筑构件主要概括为地面、墙(立)面和顶面三部分,这三部分围合起来便可构成相对封闭的室内空间,它们是直接决定室内空间大小和不同空间形态的载体,更是营造空间气氛和体现设计风格的主要成员。

1.地面设计

室内地面是指室内的地坪,它包括楼房的首层和各楼层室内地坪。

地面装饰的功能作用:

(1)室内的主要承重构件,支撑着所有与之相接触而传递给它的重量;

(2)室内空间的基面,并决定了室内空间的大小;

(3)室内空间分隔、功能规划与组织交通的载体;

(4)改善地面质量的首要作用是提高脚感质量;

(5) 地面的设计影响着室内空间的整体效果。

地面装饰设计的方法:

(1)应从整体出发,不能孤立对待,更不能喧宾夺主,对待不同功能的空间要区别对待,注意选材应注意防火、防腐、防滑、防蛀、防污染的特殊要求。

（2）应该满足合理的使用功能和精神功能双重需求，其中脚感是评定地面质量的重要因素之一。

（3）改变形式可以划分至相对独立的虚拟空间，如：局部造型地台或巧用材质及色彩进行区域划分。

（4）多数情况下，地面形式应注重稳重感，以防止头重脚轻的视觉现象。

地面较其他的室内建筑构件更易磨损，所以地面的设计形式的稳定性应更加适用于其他构件形式的改变。

2.顶面设计

顶面是顶棚的外观，其造型取决于顶棚的形式，在楼板下直接用喷涂的方法进行装饰的顶面称之为平顶；而在楼板下另做吊顶装饰的则称为吊顶，由于其处于室内空间中最高的位置，故统称为"天花"①。

顶面装饰的功能作用：

（1）可以有效地改善室内空间的形状，降低高度，改善水平与垂直的比例关系。

（2）有效遮挡土建梁柱结构构件，规整室内空间整体造型。

（3）掩饰室内的服务管线，有效遮挡暴露于外的不雅构件。

（4）实现漫射与反射光照结合采光的方式，改善室内光效果。

---

① 冯柯等：《室内设计原理》，北京大学出版社 2010 年版，第 136 页。

（5）加厚楼层板，可以提高垂直方向的隔音能力。

（6）形式各异的天花造型可以限定局部区域，使空间进行二度划分，给人带来立体空间上的视觉享受。

顶面装饰的设计方法：

（1）平面式：无论原有或是吊顶设计之后的吊顶造型都皆为平面，该方式天花多呈简洁大方之态，空间适应性较强，多用于较为低矮的空间，且易于施工，造价低廉。

（2）凹凸式：通过吊顶产生高低落差，顶面造型表面呈现出凹凸状，空间立体感强。

（3）悬吊式：根据局部空间需求，选用轻质材料悬吊于与其相对应的上方空间，创造虚拟空间，轻巧灵活且极具领域感。

（4）漏空式：使用漏空的板材或网格悬吊于有需要的空间高度，其意义在于只限定人的心理空间，其若隐若现的神秘效果，给人以耳目一新之感，如：木制或金属格栅吊顶等。

极具艺术造型
的穹顶式吊顶设计　　　　凹凸有致的吊顶设计

随着装饰材料的日益翻新,顶面装饰的设计方式也在日趋增长,同时它还直接受到建筑顶面土建结构的限制。所以,其具体的设计方式不只局限于此,穹顶式、斜屋顶式都是典型的代表,更多新颖且完美的艺术吊顶形式层出不穷。

3.墙(立)面设计

室内空间中垂直面,由开敞和封闭两大类构成。前者是指立柱、幕墙、隔断有大量门窗洞口的墙体等;后者则是指大面积的实墙,两者相互补充,以此来围合成室内空间的立面造型。

艺术隔断墙

墙(立)面装饰的功能作用:

(1)主要承担建筑的承重,同时起到划分空间的作用;

(2)门窗及吊装家具的载体;

(3)围合室内空间,决定内部空间造型,使其具有界定性;

(4)室内空间中不可或缺的装饰背景。

墙(立)面装饰设计由于寄托于土建结构的载体上,受到其客观承重因素的制约极为明显,所以其设计方式需要与此紧密结合,同时还要强调视觉艺术效果,所以其设计的方式相对较为丰富、灵活。

墙(立)面装饰的设计方法:

(1)突出表现材质的面造型,是运用天然的木料、砖石或新颖材料等通过堆砌的艺术手段创作出的产物。

(2)突出表现工艺特征的面造型,巧用传统手工与现代工艺技术结合,二者方能相得益彰。

(3)突出表现结构特点的面造型,结构造型日渐时尚化的室内构件已成为墙面装饰设计中不容低估的装饰元素,如:外观色彩及造型都极具艺术感的暖气片。

(4)突出表现构成设计的面造型,运用平面、色彩及立体构成可以充分发挥材料和技术的专长,若结合光影效果,则更能体现其内在意义。

（三）室内陈设的美化

任何的室内环境美化只做到单纯理解其所涉及的外围空间元素是远远不够的，其内含的相关元素与空间的相互作用，不仅可以更为充分地满足人类使用乃至更高的精神追求，而且对于室内空间整体氛围的营造十分有益[①]。随着物质及精神生活水平的提高，现代家庭室内环境中陈设品已经不单纯局限于单一家具，织物、工艺品、室内陈设品等对空间的装饰作用已不得忽视。

1.室内家具

（1）何谓室内家具。家具是人们生活必备的用品，如果把家庭室内环境比作容器的话，人可视为溶液，那么，家具则是溶剂了，这便是人与家具关系的本质。在室内环境中几乎人们从事任何事务，都离不开相应家具的依托，家具可以算是人与室内空间相互作用的衔接体。从文化发展的角度来看，家具设计比室内设计的历史更为久远，生产技术更为先进、质量更为可靠。时至今日，经过人类不断地实践创造，室内家具的作用已不再简单地滞留在满足人们物质使用功能的基础上。经过反复地更新与演变，无论从材料、工艺，还是造型、色彩上，形形色色、变化万千的室内家具早已成熟地形成独立的行业，更是成为一门大众艺术。

（2）家具的分类。家庭室内环境中家具多是为满足人们日常生活需求之用，大体上可从以下五方面加以分类。

187

---

① 　冯柯等：《室内设计原理》，北京大学出版社 2010 年版，第 158 页。

按空间功能分为：卧室家具、客厅家具、书房家具、餐厅家具、厨房家具等。

按使用材料分为：木制、竹藤、金属、塑料具、玻璃、钢木等家具。

按组合形式分为：单体家具、配套家具、组合家具等。

按构造体系分为：榫式、板式、框架、折叠、浇注、弯曲、充气等家具。

按风格特征分为：中式、日式、美式、欧式等民族或地域风格；古典、文艺复兴、巴洛克、现代及明式、清式等时代或历史风格。

组合家具

（3）家具的作用。任何家具都对所处空间并存两种功能作用，一是相对具象的实用功能；另一个则是更为抽象的精神功能作用。

实用功能作用

① 载储物。支撑人体,存放物品,可以算是其最主要的功能,也是最为原始的功能。

② 隔空间。在室内空间较为紧张的情况下,可以运用家具将该空间进行二次组织分隔,进而将同一空间功能划分更明确,以方便使用。

精神功能作用

① 体现风格。由于家具在外观上占据室内空间总面积很大一部分比例,所以对整体空间从视觉上便会自然地产生一定的引导作用。

② 烘托氛围。家具是烘托氛围的"主角",无论是庄重典雅的中式家具,还是绚丽奢华的欧式家具,在感染环境的同时,更会使人深发联想,甚至可以激发人们的审美情趣。

集实用与装饰功能于一体的软装饰玄关

189

2.织物陈设

以其多样化的外观色彩及质感充斥在家庭室内环境的每个角落,无论粗糙与细腻,还是柔软与挺括,都能营造出特殊的室内空间氛围,给人的视觉或触觉带来温馨感、亲切感,同时并起到一定的吸声、隔音、遮光等作用。

织物可根据应用起到的主要作用分为实用织物和装饰织物。

(1)实用织物。实用织物是用于遮挡、铺垫、覆盖等用途的织物。如:壁布、地毯、窗帘、台布、靠垫及床上用品等。此类织物的主要功能意义在于其独到的实用性,如遮光、吸声、绝缘等作用。

(2)装饰织物。实用织物是用于视觉审美需要的织物。如:壁挂、软雕塑、吊旗等。它与其他陈设品相比其装饰意义更具独到之处,诸如:随意性强且更为灵活多变;造型品种丰富可拆装且花色繁多;更具民族意味及时代特征;营造气氛软化空间有其独到之处。

但是,织物也有易燃、易蛀、易脏、易皱等不利因素,因此选择时要综合多方面考虑,以处理好相应的陈设方式。

3.工艺品陈设

工艺品是工艺美术品的简称,它是通过一定的物质材料进行艺术加工而制作完成的,具有实用性,更具装饰性的物质产品。其历史悠久,自从有了人类便有了现在被称之为工艺美术的物品;而现在艺术工艺品在人们的生活中更是无处不在,它具有超强的艺术感染力与室内空间整体的内在风格之间存有不解之缘,可谓唇齿相依,是其他陈设品所难以超越的①。

局部造型的地台

(1)陈设工艺品的分类:在室内陈设上,工艺品可分为两类:①实用性工艺品:器皿、灯饰、家具等;②审美性工艺品:陶瓷、编织品、美术摄影作品等。

实际上,它们之间的划分界限并没有严格的界限,根据不同的历史背景或环境条件会相互转换。

(2)陈设工艺品的作用:主要集中在其装饰意味上,不仅具备陶冶生活情趣,展示文化修养的作用;而且还可以充实剩余空间,体现整体室内空间设计风格,烘托艺术氛围。

(3)工艺品的陈设原则:仅从其功能作用角度便可获知,此处的陈设不能孤立地理解为陈列。工艺品是室内设计不可忽视的组成部分,因而任何的工艺品,即使工艺无比精湛的珍宝也要与整

---

① 冯柯等:《室内设计原理》,北京大学出版社 2010 年版,第 174 页。

体室内空间设计风格相统一,切忌不能孤立处理。因为工艺品一旦用于室内空间,立即就被赋予某种功能作用,这种功能要依靠于其所处的环境需要。如:将毕加索的《格日尼卡》(Guernica)挂于居室餐厅的墙面,则会立即显得不合时宜,所谓室内设计中"挂的不是画"便是这个道理。

总之,陈设于家庭室内环境中的工艺品,其对整体空间"画龙点睛"的烘托作用是固然重要的,但是也不能一味地追求形式,切忌不可喧宾夺主,过分的夸张则会舍本逐末、哗众取宠,为"装饰"而"装饰"的设计是庸俗的设计。

毕加索的《格日尼卡》

三、室内环境健康

室内环境可分为物理环境和心理环境。

(一) 物理环境健康

在家庭装修设计中其物理环境主要包括有声环境、光环境、热环境。三者直接会影响到人们日常的生活的健康问题,而在设计过程中运用何种技术手段提高改善当前的环境便是首当其冲要解决的问题。

1.采光与通风保暖

(1)采光。人的视觉只要在光的作用下才能产生效用,采光对于室内设计是极其重要的,其主要可分为人工照明和自然采光两种照明方式。两种方式的运用不仅要与具体建筑结构相结合,而且同样直接受到不同空间使用功能的限制。由于人们对不同波长的电磁波,在相同辐射量时,有不同的明暗感觉,所以为满足不同空间的功能照明,其所安置的照明形式定要科学对待[①]。

表 9-1　不同日光源和电光源的发光效率

光源	发光效率(%)
太阳光　高度角为 7.5°）	90
太阳光（高度角大于 25°）	117
太阳光（建议的平均高度）	100
太阳光（晴天）	150
太阳光（平均）	125
综合自然光（天空光与太阳光的平均值）	115
白炽灯（150W）	16 至 40
荧光灯（40W CWX）	50 至 80
高压钠灯	60 至 140

空间的光影效果也是家庭装修设计中不可忽视的环节。居室照明除了满足使用的功能外,还应有美化室内环境、营造和谐气

[①]　来增详、陆震纬:《室内设计原理》(上册),中国建筑工业出版社 1996 年版,第 109 页。

氛、增强空间层次、渲染空间主次的效果①

光线充沛的起居室

分散式点光源的卧室

---

① 承恺、周波:《家居装饰设计技巧与禁忌》,机械工业出版社2007年版,第4—5页。

（2）通风保暖。结合所处的地理环境,室内空间中的热环境会有较大差异。在现如今的家庭装修设计中,暖通系统和空调系统早已普及于市场之中,在北方地区更为凸显。在具体施工之前,不仅要对整体管线充分了解,更重要的是设备具体位置的定位。

2.装修材料的合理使用

装修材料对物理环境健康的影响相对更为直接。

（1）材料的功能。一是用来表现具象设计语言的基本素材。造型设计中的形、色、质均需通过材料才能体现出来的。二是提高室内空间质量的重要手段。科学地选用材料,则有利于人的身心健康发展;相反有会造成环境污染。三是合理和恰当地使用对于建筑可以起到保护作用,相反也会造成隐患,甚至会威胁人的生命安全。四是物质生活的直接体现,并透过这一现象反映其内在的精神面貌,折射出人的内心世界。

（2）材料的分类。根据材料的作用不同,其分类方法也不同。

按材料的形成,可分为天然材料、人工合成材料两大类型;按化学性质,可分有机材料和无机材料;按施工部位,可分为地面、墙面、天花等不同部位的材料;按工艺构造,可分面层材料、基层材料。

选择材料的原则:①科学性原则;②节约性原则;③耐久性原则;④可行性原则。

（二）心理环境健康

不同类型的空间都会对人们在该环境中的行为活动特征和心理需求构成影响, 对于人们活动最为频繁的家庭室内环境而

195

言,更是如此。只有充分考虑到不同家庭成员的个性心理特征,才能在设计过程中准确定位空间尺度及色彩设计等信息,进而创意出符合使用者心理环境健康需求的家庭环境。

1.空间尺度

在室内设计中人的心理与行为尽管存有个体差异,但是总体来讲,仍然存有一定的共性,这便是室内空间设计中人的心理分析基本依据。室内环境中的个人空间常常需要与人际交流、接触时所需的距离一起进行通盘考虑。人际接触根据不同的接触对象和不同的场所,在距离上各有差异①。在家庭装修中,由于家庭成员的关系相对较为亲密,此种空间尺度的设定也会随之更为密集化,但是在部分较为开敞性的空间中。

此外,空间尺度的形状对于人的心理感受在家庭室内环境这一相对较为狭小的空间中,也是极为凸显的。

表9-2 室内空间形状的心理感受

室内空间形状	正向空间				斜向空间		曲面及自由空间	
心理感受	稳定规整	稳定有方向感	高耸神秘	低矮亲切	超稳定庄重	动态变化	和谐完整	活泼自由
	略呆板	略呆板	不亲切	压抑感	拘谨	不规整	无方向感	不完整

---

① 冯柯等:《室内设计原理》,北京大学出版社2010年版,第52页。

2.色彩风格

色彩在室内设计中的应用相当广泛，与物体构成的形状相比，色彩对人们视觉反映更具敏感性，色彩的应用会直接影响到人的心理甚至生理感受。如果色彩运用得当，不仅可以对室内整体空间设计的定位起到积极作用，而且还能够调节空间气氛，改善整体视觉效果。将色彩的现象及观察结果归纳为一个系统的理论体系——色相、明度、纯度，这是研究色彩与室内空间设计两者关系的重要决策①。

（1）色彩联想。当人的视觉受到某种色彩刺激时，便总能唤起与之相关经验的某种记忆，这就是色彩给人的联想。其中，可分为具象联想和抽象联想。

表 9-3　色彩给人的联想

联想\\色相	具象联想	抽象联想
红	太阳、火焰、鲜血、苹果、旗帜	热情、吉祥、胜利、危险、浮躁
橙	橘子、狮子、香橙、晚霞、秋叶	丰收、成熟、华丽、焦躁、刺激
黄	月亮、香蕉、柠檬、葵花、黄金	光明、晴朗、皇权、轻浮、燥作
绿	草地、树叶、森林、军装、邮局	青春、和平、生长、希望、安全
蓝	天空、海洋、工装、冰块、手术	悠远、深沉、理智、冷淡、薄情
紫	葡萄、茄子、丁香、紫罗兰	高贵、典雅、神秘、忧郁、隐晦
黑	煤炭、深夜、毛发、墨汁、雨伞	坚实、庄严、肃穆、悲哀、黑暗
白	冬雪、云彩、医生、婚纱、白纸	清洁、神圣、单纯、绝望、空虚
灰	乌云、水泥、烟雾、阴天、老鼠	朴实、平凡、沉默、暗淡、荒芜

197

---

① 张嫒嫒：《3dsMax/VRay/Photoshop 室内设计完全学习手册》，中国铁道出版社2011年版，第10页。

　　但是，人对色彩所产生的联想，是因人而异的。除受视觉生理条件的影响外还因其性别、年龄、民族、生活经验、文化修养等的差异而不同。

色彩温馨的卧室空间

整洁的厨房空间

（2）色彩效能。面对共同心理感知的联想随之便会对人产生其共性效应。在进行家装设计时，可以巧用色彩的冷暖感创造和调整室内空间气氛，弥补物理条件的不足，改善人的心理情绪；合理地运用色彩的轻重感，即可调节色彩关系，又可起到平衡空间的作用；恰当地利用色彩的涨缩特性，还可以改善和调整室内空间大小、形状等方面的不足。

综上所述，由于人们生活水平的改善，使得家庭环境建设逐渐成为大众新的消费热点，这是经济社会和谐发展的必然趋势。人们对家庭环境概念的重新认识过程，也是追求高品质生活意识观念转变的过程，富于时代信息的家庭环境设计正在以迅猛之势向多元化、世界化进军。

第十章　城市文化
——城市环境美化的动力

　　一个城市有没有吸引力,不仅要评估其硬件资源如何,更要考量其软实力如何。"软实力"这一概念由美国学者约瑟夫·奈于1990年提出,他认为,软实力是一种不同于传统可见的军事、经济、政治力量,而是依靠文化价值、生活方式等发挥出来的无形影响力,文化,是软实力的核心要素。从可持续性的角度看,城市环境文明特色形象就是软实力的体现之一,也是城市魅力直接或间接的表现。

一、城市文化环境

(一) 城市文化——城市历史的积淀

　　从城市文化的形成来看,与城市的地理位置、气候、生产方式、经济状况以及生活方式有着直接的关系,这一点无疑属于城市文化深层次的基缘。但如果仅从城市文化本身来说,城市文化应是城市历史积淀的具体与直接的显现。

　　城市文化作为一个整体系统,有着丰富的内容,一是由城市历史、城市性格等所积淀的精神因素,也可称为原生文化;二是由城市规范、城市管理等所体现的精神因素,也可称为理念文化;三是由城市规划、建筑风格、园林景观等所外化的因素,也可称为具象文化。由此可见,城市文化中的"文化"主要是指精神方面的因素,即使有些是以物质的状态存在,也主要是指物化的精神。这就是说,城市文化是由城市精神、城市性格和城市气质来表现的城市生命。城市文化是城市历史积淀的具体与直接的显现。表现为精神形态和物质形态两个层面。

　　从精神层面来说,城市文化是一个复杂的系统,至少包括了意识形态的因素(理论)和社会心理的因素(民俗)两个方面,但如果我们把城市文化的精神范畴显现归纳为城市文化的内涵或动态文化,那么这种显现在根本上就构成了城市精神。

　　城市精神是城市文化最本质的反映,这一点并不抽象,所谓反映也就意味着城市文化直接外化为城市管理的职能组织和领导作为、城市整体的教育方向和教育成果、城市市民的文化倾向和人文素质,甚至外化为城市的规划、建筑和园林。另外,城市精神的形成也受城市社会心理的影响,所以一定有着对城市历史、文脉和传统的继承,但同时,随着城市精神的形成,其也制约着城市传统中的糟粕并创造着新的文化元素。当然,这与城市的开放度、包容度有关。学者芒德福曾这样表述:城市是一个社会行为的剧场。这说明,无论是"剧场"的设计还是"社会行为"的演绎,均离不开城市精神的导引,这是因为,如果说城市文化是城市的生命,

201

那么城市精神就是城市的灵魂。

城市精神有着深刻的哲学意味，而表现出的是具体的价值观，也就是说城市精神不仅充溢着原生文化生态的价值观，也活跃着新生文化生态的价值观，前者在于传承，后者则在于创造。需要指出的是，在城市精神中包括了传统与维新两种价值观，两者看似互不相融，其实并不矛盾，因为从文化生态的角度讲，也有着可持续发展的意味，新陈代谢是其规律。譬如，在当今城市及城市文化的评估体系中，商业文化作为重要机制已成为人们的共识。但是如果一味地单边推崇经济效益产出而不顾文化生态的平衡，必定会使商业文化形而上学，如此将严重破坏城市的原生态的文化价值。当然，城市精神必须剔除小生产意识的价值观，从动态文化的角度讲，城市精神中的小生产价值观念倾向是对可持续发展的反动，其最直接的反映就是在起导引作用时的"短期行为"及"短期效益"，而忽略了城市永恒价值的传承和创造。

天津市近期在两方面的大手笔动作给城市精神的传承与创新提供了范本。一是在物质层面，"天津市文化中心"的启用；二是在精神层面，确立"爱国诚信、务实创新、开放包容"为天津精神表述语。我们高兴地看到，"天津市文化中心"显然已成为展示天津城市文化形象及其天津城市精神的重要场所，而天津精神表述语则集中体现了天津城市文化的传统底蕴和创新倾向。

(二) 城市性格——城市市民思维及其生活方式的人文特点

城市精神直接铸造城市性格。我们可以认为，城市性格就是城市市民思维及其生活方式的人文特点。也就是说,城市性格蕴涵着城市的人文精神和人文素养,其反映的当然是城市文化及其精神,尤其是在当今中国城市"千城一面"的改造中,城市性格无疑已成为城市异质的典型区别,譬如北京之厚重的国都气质,上海之艺术的小资情调,深圳之经济的商贾色彩和天津之务实的平民情结等。当然,对不同的城市及其性格做比较,难免会流于民俗分析,但当我们一般的如把成都看成是休闲的城市,把北京看成匆忙的城市,把天津看成务实的城市等,实际上就是在述说着城市异质的性格特征。

　　文化是城市的生命,也是城市建筑的魂魄,因为城市的发展过程一定伴随着城市文化的产生、传播、积淀以及与外来文化的交融,而这些肯定会在城市的建筑中表现出来。于是,也就构成了特定城市表现在外的文化特色,而这种由城市建筑表现出来的文化特色,是其地域文化与其实体建筑元素趋向完美结合的表现,从而形成城市的静态文化现象。这说明,文化是塑造城市建筑特色的主要依据,著名建筑学家阿尔居说过:"(城市建筑的)特色是生活的反映,是文化的积淀,甚至是民族的凝结。"城市文化以静态形式不仅积淀于城市建筑之中,同时城市建筑反过来又会对城市市民的思维观念和行为方式起着或有形或无形的影响,至少是美学及其审美意义上的影响,比如北京的古建筑和天津的小洋楼。不仅如此,城市建筑还影响着城市精神的铸造乃至城市性格和情操的陶冶并培育着城市的亲和力、创造力及竞争力。尤其是在当今经济竞争愈趋激烈的时代,一个有着反映特色文化的建筑

203

的城市，至少会在旅游业中显示出其文化旅游的价值和竞争力，比如天津的近代洋楼景观及其所承载的近现代中西文化交集，已然形成了自然旅游与文化旅游相结合的特点。值得一提的是，天津文化资源极为丰富，应进一步深入发掘运河沿岸、老城厢等文化资源；还可同步深入整合海河沿岸和意式风情街、欧式风情街、五大道等历史风貌建筑；保护性开发利用工业、邮政、交通、军事等历史文化遗存；将开发历史文化名城和名镇名村保护建设与搞好历史文化街区结合起来；将历史遗址的保护和历史文化的建设工作深入到社区，促使文化引领功能更加凸显，使天津形成具有独特地域文化魅力和具有现代化港口大都市文化活力的区域文化中心。

(三) 城市文化环境——物质文化和精神文化总和的外在表现

如果说城市文化是人们在城市形成和发展的过程中所创造的城市物质文化财富和精神文化财富的总和，那么，城市文化环境，就是这个总和的外在表现。当然，城市文化环境包含的范围很广，甚至还包括民俗民风等，但其并不是殿堂之上的摆设或理论意义上的学说，而是渗透在市民的生活之中，甚至看得见摸得着。在城市的发展中，不同历史时期、不同地域的人们创造了不同的城市文化环境，并与外来地域文化交融从而得到传承更新。从内容上看，城市文化环境主要包括以下几个要素：

1.标志性建筑

一般来说，标志性建筑在形成建筑艺术高潮的同时，也体现了城市文化的特征。标志性建筑都有着"三优"的共性,那就是优越的选点、优秀的设计和优美的环境,三者缺一不可。当然,标志性建筑的核心,就是其所蕴含的文化意义,正如罗丹所说:"整个法国就包含在我们的大教堂中,如同整个希腊包含在帕提农神庙一样。"这里以纽约自由女神像为例,其选点在纽约湾口,面对从旧大陆到新大陆的地理航线方向,雕塑形象融圣母玛丽娅、法国大革命女战士与雕塑作者的母亲于一身,雕像挺立在海水环抱的绿岛上,环境空灵优美,不愧为"美国象征"的美誉。另外,上海的东方之珠建筑群所表现的开放胸怀,北京的故宫建筑群所蕴含的传统文脉意义,以及天津文化中心建筑群所传播的"大气洋气"气息,也不失为标志性建筑的典型范例。

2.文化设施

文化设施是营造城市文化环境必不可少的要素,属于公共设施范畴,是公共文化服务体系的物质保障,与城市居民的生活息息相关,具有公共教育的功能和价值。文化设施主要包括图书馆、博物馆、美术馆、纪念馆、电影院、剧场、工人文化宫、青少年宫、群艺馆、文化馆站、社区文化活动中心以及学校、城市广场、雕塑、标志性建筑物等。从职能的角度说,文化设施是精神文明建设的窗口,是科学文化普及的阵地,是国民终身教育的课堂,是地域文化传承的基地,是展示艺术成果的殿堂,是高雅文化的沙龙,是群众文化艺术和娱乐活动的乐园。文化设施作为民众开展文化活动的重要载体,应以传播文明、传递信息、传承文化为己任,为人民群众提供优质的文化服务,真正起到活跃和丰富人民群众的精神文化生活,提高人民群众思想道德和科学文化素质的作用;真正起到对人民群众进行爱国主义、集体主义和社会主义教育,以推进物质文明、政治文明、精神文明建设,促进经济和社会全面、协调和可持续发展的作用。

文化设施建设是城市建设的重要内容,也是城市文化发展的物质基础。完善的文化设施,不仅可以传播科学文化知识,陶冶人们的情操,提高人们的精神境界,还可以大大提升城市品位,展现城市特色魅力,增强城市知名度和竞争力。

3.街区特色

《北京宣言》提出:"我们要用群体的观念、城市的观念看建筑。"这就要求我们,不论是对传统的旧街区进行改造,还是建设新的现代街区,都应将城市的原生文化作为考量的重要依据,并以此作为展示城市特色文化的重要场景。也就是说,在遍及全国的城市改造中,一定要保护、保存传统历史文化街区,因为其对城市文脉的延续,对于民风民俗的展现有着不可替代的作用,甚至对城市文化环境的营造都具有很大的影响。我们必须清醒地认识到保护历史街区就是保护城市的根基、城市的特色。这不仅不会阻碍城市的发展,反而会使城市的内涵更加丰富,特色更加突出,从而更具吸引力。著名学者冯骥才就认为,街区特色文化是历史文化的积淀,是一方水土之人的独特精神创造和历史记录。

4.名胜景观

城市的名胜景观是人们在社会活动中遗留下来的具有历史、艺术和科学价值的遗物、遗迹等文化遗产,是人民群众智慧的结晶,是人类文明的宝贵财富。名胜景观对于城市文化环境的营造具有重要的文化、科学、教育、商业和美学价值。为此,必须做好三方面的工作,一是城市历史建筑保护;二是城市历史文物保护;三是非物质形态文化遗产的保护。值得一提的是,非物质文化形态作为城市历史文化中最具活力的因素,也应纳入名胜景观范畴,如一些或产生在天津或成长于天津的诸多民间曲艺形式,显然已成为天津这座名城的文化名片,甚至可以说是这个城市的一大特色。如外地人对我们天津的赞誉之一"游海河,听相声",就非常典型地说明"听相声"已经成为天津的一个文化名片。

5.城市特色

城市特色是一个城市明显区别于其他城市的个性特征。或者说城市特色是人们对一个城市的内容和形式特点进行的形象性和艺术性的概括,上文提到的"游海河,听相声"就是如此。也可以说城市特色是城市异质的突出之点,是人们认识一个城市的起点。城市特色主要由城市特色的内涵及外在表现两方面构成,内涵是指城市的文化特质、经济特点、产业结构、城市文脉、民俗风情等;外在表现是指城市的自然环境、城市格局、文物古迹、建筑风格、及人文性格等。城市特色一方面表现在城市的规划、设计、设施、建筑、雕塑、园林等层面,称为城市自然特色。另一方面表现在市民的文化素养、气质和性格等方面,称为城市的人文特色。

6.城市自然环境与人文精神

城市自然环境是城市的背景、底色、依托和基础,特别是湖光山色、海滨河畔,往往是城市自然环境的重要源泉。如北京的宽道

207

长街、胡同院落,上海的江畔洋楼、耸天大厦,苏州的水陆通衢、小桥流水,重庆的山道起伏、楼路相接等,都赋予了城市自然环境的含义。而城市自然环境都有其文化特色,积淀下来,也就形成了城市独特的人文精神。所谓城市的生命力,似乎并不仅指欣欣向荣的经济景象或者直插云天的高楼大厦,而更多的是指城市的人文精神。也就是说,由城市人文精神所构成的城市文脉更能说明城市的特色。尤其是当今在我国兴起的城市建设中,其走向正在趋同,同样的商务高楼,同样的世纪大道,同样的中心广场。特别是许多中心城市的 CBD 开发与建设,致使城市正在悄然形成"城市空心化",这样一来,原有的空间生活模式被打破,原生的文化生态也势必会受到冲击。当然,新的肯定会战胜旧的,这是规律,文化也是如此。但是文化传统特色是割不断的,这同样也是规律。因为文化传统特色是城市发展的历史过程中联结过去和现在甚至未来的重要元素。如果我们把城市文化特色看作是一种具生命状态的现象,那么,城市文脉就是遗传密码,其始终贯穿于新与旧的交替之间。这正如鲁迅在评价新旧文化的交替时所说:"旧形式是采取,又有所删除,既有所删除,必有所增益,这结果是新形式的出现,也就是继承和创新之间的联系。"其实,城市特色也是如此。城市文脉得以传承与延续,才能使城市文化、城市精神和城市性格也即整个城市的特色更具生命力。换个角度说,如果城市因雷同的建筑而趋同已成为事实的话,那么,以城市文脉的延续为标志的城市文化的传统特色,才能展现出特定城市的特有魅力。值得一提的是,天津确立的"天津精神表述语"就较为准确的概括了这个城市的人文精神:爱国诚信概括了天津人基本的道德追求和价值取向;务实创新反映了天津人鲜明的意志品质和精神气质;开放包容体现了天津人博大的气魄和胸襟。

二、城市文化与居民素质

(一) 城市文化语境下的居民素质培育

城市文化的形成,是一个渐进的过程,并遵循着物质决定意识的唯物主义逻辑轨迹。随着城市生产方式和生活方式的不断变化,文化因素也在不断积累。反过来,人的文明程度又带动社会整体文明不断进步。城市文明建设,说到底还是人的现代化建设,首先要有文明的市民,才会有文明的城市。良好的城市文化环境要求具备优美的环境,优质的服务,优良的秩序,优雅的文化,文明的举止,便利的交通,健康的生活等,而这些都离不开居民素质的提升。培育和提升居民素质是城市精神文明建设的关键,更是城市文化环境建设的集中体现。

居民文明素质是一个城市文明形象、精神风貌的综合反映,其整体水平的高低,极大地影响着城市的发展和现代化进程。从目前我国的城市建设状况来看,无论是城市的物质基础,还是居民的文明程度,至少目前还未达到非常理想的地步,所以,我们必须将提高居民整体文明程度放在与建设美好城市、完善城市功能的首要位置,培育文明习俗,培养文明市民。这就在客观上要求我们,不仅需要对看得见的城市建筑、道路、绿化、景观等硬件方面继续加大建设投入,更需要持之以恒地提高城市居民素质,引导社会文明风尚的形成。城市硬件环境可以在短期内改善,社会文明却必须长期养成。居民素质的提高和文明习俗的养成,需要整个社会更多的耐心和恒心,也需要政府和城市居民更大的决心和信心。

居民素质一般包括思想素质、文化素养、法制意识、道德修养等。思想素质是指一个人的理想和价值观念,它左右着人们的生活方向;文化素养是一个人的文化知识结构和智力水平,这是人们理解文明、创造文明的基础;法制意识是对法律法规的理解和重视,这是法制社会现代城市居民必须具备的最起码的素质;道德修养是人的内心世界以及善恶是非观念的体现,对维护城市的社会秩序和健康生活具有重要的保障作用。

因此,提高居民素质,要在思想建设、文化建设、法制建设、道德建设这四个密不可分的方面共同下工夫,缺一不可。提高四个方面的素质是一个长期的艰巨的任务,不能急于求成,也不能掉以轻心,必须从一点一滴抓起。近年来,在全国普遍开展的创建文明城市活动,对提高居民素质起了积极作用。天津市制定了《天津市提升市民素质 2012 年实施方案》,此方案从弘扬"天津精神"着手,设计了丰富的精神文明建设项目,主旨就是全面提升城市居民素质。这个方案最大的特点在于:提升城市居民素质的实施计划紧紧围绕建设文化强市这个大目标,以建设社会主义核心价值体系为根本,以"同在一方热土,共建美好家园"活动为载体,引导广大城市居民在参与城市建设和管理中提高精神境界和文明素养，促进城市文明程度的提升和文化环境的营造。

（二）培育和提升居民文明素质，是城市现代化的内在需要

居民素质的现代化，是城市现代化的核心内容。如果只有发达的城市硬件，没有良好的居民素质相适应，那么，这个城市的现代化就是不完整的。居民素质不仅体现在城市精神、城市文化、城市性格等精神层面，同时也体现在建筑、园林、道路、桥梁及河湖等有形景观环境之中。居民文明素质决定着一座城市的现实发展水平，同时也决定着城市的未来追求和发展走向，以及决定着城市形象的创新。

天津作为正在崛起的国际化港口大都市，随着城市化进程的快速推进，居民的生活水平有了很大提高，生活方式也发生了明显改变。在跨越了大规模硬件基础设施建设阶段之后，城市发展重心应当及时地从"以建设为主，管理为辅"的理念，转入"建管并举、着重提高现代化管理水平、提高居民素质"的轨道上来。可以说，居民素质的培育和提升，既是提高大都市管理水平的最终落脚点，也是新世纪、新时期加强社会主义精神文明建设的出发点和归宿，同时也是体现天津本土文化与创新文化相交融的支撑。

从目前来看，以天津滨海新区为窗口的天津与世界的经济文化交流可以说是全天候、全方位的，我们不仅在吸收和学习着先进的文明，同时几乎每时每刻都在向世界展示着自己的形象。我们向世界各国展示的既有我们极具特色的原生文化，也有城市现

211

代文明建设所取得的新成就。其中既包含了当代中国城市的整体形象,同时也展示了优美的城市人居环境以及我市居民的综合素质。天津市民充分享受到生活在一个日益繁荣的现代化开放性城市的幸福,同时,也要求我们的市民相应的提高自身素质,做一个高素质的文明市民。

(三) 培育居民素质应建管并举、法德同抓

一个城市的文明程度, 说到底还是体现在每个城市居民身上。美国思想家爱默生曾说过:"良好的礼貌是由微小的牺牲组成。"这就是说,每个人都有享受公益的权利,但同时也应负起爱护公益的义务,在城市文化环境建设方面也是如此。不随地吐痰、垃圾入箱、排队乘车、扶老携幼等,虽是小事一件、举手之劳,却能在点滴之间,评估出居民文明素养的高低,窥视出一个城市文明发展的程度。城市文明的形成,是一个渐进的过程。随着生产方式的不断创新及生活形态的不断变化, 城市文明在不断的提升,从而居民的素质也应得到升华;反过来,城市居民的文明程度也带动了社会文明的不断进步。

诚然,目前在城市还有许多不文明现象,在很早以前都是大家习以为常的日常行为,日积月累,弊端显现,于是出于卫生防疫和提高生活舒适度等需要, 人们才逐渐养成了各种新的文明习惯,继而约定俗成,有些还规定为法律法规。但也应看到,城市硬件环境可以在短期内改善,软文化环境却必需长期养成。所以,居民素质的培育应与建设管理并举,法律与道德同抓。我们不仅要

有完善的法制来维护社会安定团结,还要有良好的道德规范教育来塑造人的美好心灵,把道德教育实施在法制教育之中,渗透于各个行业之内,贯穿到文明城市创建的始终。

从外因上说,居民素质培育是一项社会系统工程,涉及政治、经济、文化、教育、法律、管理等多个领域和多种手段的协同运作;而从内因上看,居民素质的提升又是一个潜移默化的过程,其间定会受到民俗传统和民风习惯等原生文化因素的影响。故此,做好居民素质的培育与提升工作,应采取以下对策:

其一,深化认识。要深刻认识居民素质是城市现代化建设中最核心的支撑元素,努力塑造具有现代思想意识和良好道德风尚的文明市民,是城市现代化的重要内容和终极目标。在城市管理中,要转变重物不重人,即片面重视办企业、建商厦、架桥筑路等城市硬件建设,忽视提高居民文明素质,忽视推进城市文明建设等城市软件建设的倾向,把城市基础设施建设与居民文明素质提高紧密结合起来。

其二,从小事抓起。事实上,事关居民素质的事情看上去大都是一些"小事",但恰恰就是这些小事最能反映出一个城市居民的基本素质。要教育和引导城市居民,从身边小事做起,从怎样做一个好市民入手,逐渐形成人人知荣辱、守道德、讲文明的良好局面。

其三,依法治理。道德风尚的形成、巩固和发展,要靠教育,更要靠法律、政策和规章制度。也就是说,道德力量与法制力量结合起来,才能发挥巨大威力。作为城市,应注重把我们一直倡导并行之有效的社会公德、职业道德、家庭美德及纠正不良行为和劣习的要求,上升为地方性法规并严格执行,为提高居民文明素质,规范居民社会行为起到导向引路作用。此外，城市管理职能部门要强化监督管理，这是因为，良好的社会秩序和较高的道德水平与完备有力的外在监督密不可分。

个人一小步，文明一大步。只要我们加倍努力，从今天做起，从我做起，从身边做起，从小事做起，提升自我素质，形成文明氛围，就能建设好美丽、文明的城市。

三、环境美化与居民参与

（一）环境美化的原则、核心与内容

概括说来，环境美化的原则有五点：一是利用自然美；二是创造与自然结合；三是充分考量人们活动的需要；四是给人以新鲜美好、舒服愉悦的感受；五是低耗高能、低投高产。

环境美化的核心是要合理利用自然环境。即在合理利用自然资源的前提下，努力创造与自然融合、适应人类活动需求的优美的生存和生活环境。

环境美化主要包括建筑、园林、景观、灯光、雕塑、绿地、桥梁、水系等的优美设计及建设；也包括社区内部和家庭内部的美化；还包括卫生清洁、标识规范、生活方便等辅助性的评价指标因素。

值得一提的是，天津在利用自然资源美化环境方面作出了一定的成绩，尤其是近几年来对海河的改造取得了明显的效果。天津被誉为"水城"，自古就有"七十二沽"之称，以海河为中心的大大小小的河流纵横全市,更有数不清的湖泊和湿地。市委市政府确立了以海河为中心的美化环境工程,得到了全体市民的积极响应和支持。在大规模的天津城市水域更新改造和开发过程中,充分尊重地域性特点,与天津城市文化内涵、风土人情和传统的滨水生活方式相结合。尤其是从生活内容、社会背景、历史变迁、自然环境等众多因素中充分发掘可持续利用的资源,如今已初步形成独具一格的滨水景观特色。在以海河为主线美化城市环境的建设过程中,充分利用海河两岸建筑景观体系,沿河建筑设计采用退台式布局,形成错落有致的沿河景观;将海河与北运河、南运河、子牙河、津河等河流贯通,形成上溯可达杨柳青,下延直通入海口的市域海河水系景观组合。同时,海河上还建有解放桥、北安桥、金汤桥、狮子林桥、金钢桥等极具欧陆风格的桥梁;放眼海河两岸,建有天津站前广场、世纪钟、市规划展览馆、意式风情区、袁世凯故居、古文化街、望海楼教堂、思源广场、引滦入津纪念碑、天津之眼摩天轮、大悲院商贸区、天津文化中心等十余个著名景观。其间,树木繁茂,绿草茵茵。独特的水系景观让人们尽享两岸旖旎风光。尤其是,当夜幕降临,登高俯瞰海河,一条水色灯影交相辉映、魅力迷人的景观带尽显眼底。津城的夜景由于灯光照明体系视觉效果的美轮美奂,把津城大气洋气、清新靓丽、古今交融、中西合璧的城市风格展现得淋漓尽致。

(二) 环境美化的作用

人的任何活动都与其所处环境的影响密不可分。从表面看,环境处于人的活动外围,是相对静止的物化因素。但实质上,这种静止的物化环境却以其特有的影响力不知不觉地干预着人的行为活动进程。从审美角度讲,很显然美的环境使人身心愉悦。这也就意味着,人与环境之间存在着审美心理方面的联系,而对物化环境的审美要求则是保证这种联系得以实现的必要基础。因此,至少从人的活动本身的需要出发去美化环境,也可以把人的行为导向至一个更高尚、更积极、更美好甚至更有尊严的境界。另外,优美环境对人的行为起着制约的作用。总而言之,环境美化的意义,通俗地说,实际上就是四句话:环境美化有助于提高生活水平档次,让人心情愉悦,生活工作起来更有劲;环境美化会给居民一个干净健康的生存生活场所,有利于居民的身体健康;环境美化会使居民生活的更有尊严,并强化了道德感;环境美化有助于提高城市整体文明程度的档次,有利于文化软环境的提升。

(三) 居民参与环境美化的途径

美好的环境能够使我们的生活变得丰富多彩,使居民的情操得到陶冶,使居民的身心健康发展,更能够彰显城市的文化底蕴和文化性格,从而提升城市的吸引力和竞争力。环境美化,不仅仅是城市专项管理部门和职能部门的责任,同时也是每一个城市居民的责任和义务。因此,居民参与是环境美化的必由之路。其中,应加强居民社区和驻区单位的环境美化参与力度,以规则的形式动员驻区单位及居民全方位开展社区和庭院乃至居室的环境美化活动,形成共驻共建美好生活环境的良好格局。其途径如下。

1.参与方式组织化

经十多年的努力建构，我国尤其是天津的社区治理组织，已初步形成性质多样、体系完备、关系协调的结构。要充分发挥社区组织的功能,使居民能够通过这些组织高效、有序地参与社区环境美化活动。另外,一些先进国家的经验表明,发动非营利组织如"志愿者"组织参与社区环境美化,确能起到补充甚至是较为重要的作用。

2.参与手段制度化

完善、细致、统一的规章制度是环境美化过程中,调动居民参与的必要依据。比如在纽约,著名的《城市宪章》中,就在"社区治理"内容中包括了环境美化的内容,对环境美化的内容、职责、地位、作用及其居民的义务等做了明确的规范。同时,以规章制度为基础,利益协调、社会保障、社区舆论等多种手段的合运用,也是社区环境美化的重要方法。

3.参与管理自治化

从理论上说,政府对社区的管理应趋于间接化。政府的主要职能是为社区治理提供资金、协调和监督,为居民参与提供良好的制度和经济保障。环境美化也是如此,也即除统一规划的公共环境美化外,在宏观蓝图指导性,社区环境美化应采取社区自治的方法,其优点有二:一是充分调动社区居民参与的积极性,二是可以达到环境美化"社区个性化"的目的。也就是说,由于社区的多多少少存在的异质化,致使居民生活需求多元化,居民在环境

217

美化方面也越来越倾向于在遵循整体原则条件下，表达自己愿望。在日本东京就可以看到，社区的环境美化与地域中心的环境美化相辅相成，同时也能看出各个微观社区环境美化的特点。

4.参与活动常态化

环境美化切忌仅停留在一时半会儿的运动层面，只有环境美化常态化，居民参与才能常态化。人类要想征服大自然，就必须尊重和顺应自然。对于改造自然理应慎之又慎，又要大刀阔斧，勇于实践和改良，才能控制自然，使自身利益与自然协调发展，决不能重蹈西方发达国家"先污染，后治理"的覆辙。植树造林，关爱与保护植物，爱护我们身边的每一寸绿地、每一株花草、每一片树木。环境美化要求每个居民至少应做到以下几点"小事"：①不乱扔垃圾、不随地吐痰；②不乱砍树木、不践踏花草；③停车熄匙，减少汽车尾气排放；④人走停电，减少资源浪费；⑤日常生活中多使用公共交通工具和自行车；⑥纸张尽量循环利用；⑦水要循环利用。如洗米水可以浇花，洗衣水可以拖地、冲厕所等。

我们美丽的家园需要我们共同来营造。从现在做起，让我们来做一名环境美化的参与者，从每一天的生活中做起，自觉维护公共卫生，努力消除不良习惯，时时处处讲文明，不说脏话、粗话，不随地吐痰，不乱扔杂物，自觉养成爱清洁、讲绿化、讲卫生的良好习惯。从现在做起，让我们来做一名环境美化的传播者，让环境美化家喻户晓，深入人心。每个市民居民都来遵守社会公德，保护城市环境，爱护公共设施，提高环境卫生意识，养成健康文明的生活方式。

从现在做起，让我们来做一名美化环境的监督者，积极参与社会监督,主动劝阻和制止损害公共卫生的行为,从身边小事做起,积极维护公共环境卫生,爱护卫生设施,美化环境,爱护公物。以自己的良好行为来带动周围的人,形成人人参与,人人为美化环境出力的良好社会氛围。

城市呼唤文明,文明需要居民的参与,让我们积极行动起来,"携手共建美好家园,齐心同创和谐天津"。让文明的种子在你我心中萌芽滋长,共同培育出绚丽灿烂的天津文明之花。我们有理由相信,在大家的共同努力下,人人争当环境美化的先锋,城市的天会更蓝,水会更清,人会更美。最后,以民谣一首作为结语:

市委市府发号召,环境美化掀高潮。

男女老少共参与,环境质量大提高。

环境美化人人抓,保持需要你我他。

环境美化意义大,心情舒畅暖万家。

环境关联你我他,齐抓共管靠大家。

你抓我抓大家抓,彻底整治脏乱差。

爱国爱家爱卫生,美天美地美环境。

点点陋习都应改,文明进步向前迈。

你我都是现代人,卫生习惯要养成。

文明行为要遵守,美化天津齐动手。

城市形象很关键,环境是张大名片。

环境卫生搞得好,生活质量才算高。

乱丢乱吐不能要,美好环境齐创造。

爱惜花木不攀折,破坏绿荫要不得。

果皮纸屑统一装，塑料瓶袋集中放。

出门垃圾分箱装，整洁美观时时讲。

绿色草坪别乱踏，花儿好看爱护它。

节约水电资源省，人人共建低碳城。

家家文明做榜样，形象大使人人当。

单位个人齐动员，路边不贴牛皮癣。

栽树种花搞绿化，居住环境要美化。

一人栽树众乘凉，一人种花众闻香。

美化不可急功利，长期坚持不歇气。

居民参与共营造，环境美化添新貌。

海河美景天下扬，幸福生活万年长。

参考文献

[1]吴志强、李德华:《城市规划原理》(第四版),北京:中国建筑工业出版社 2010 年版。

[2]中国城市规划学会、全国市长培训中心编著:《城市规划读本》,北京:中国建筑工业出版社 2002 年版。

[3]王建国:《城市设计》,北京:中国建筑工业出版社 2009 年版。

[4] 袁德:《社区文化论》,北京:中国社会出版社 2010 年版。

[5]戴慎志:《城市基础设施工程规划手册》,北京:中国建筑工业出版社 2000 年版。

[6]周煊:《北京市城市基础设施建设吸引外资问题研究》,北京:中国经济出版社 2010 年版。

[7]李洪远、文科军:《生态学基础》,北京:化学工业出版社 2006 年版,第 246–252 页。

[8]宋永昌、由文辉、王祥荣:《城市生态学》,上海:华东师范大学出版社 2000 年版,第 33 页。

[9]沈清基:《城市生态与城市环境》,上海:同济大学出版社 1998 年版,第 228 页。

[10]李赶顺、张玉柯:《循环经济与和谐生态城市》,北京:中国环境科学出版社 2006 年版。

[11] 中国社会科学院语言研究所词典编辑室:《现代汉语词典》,北京:商务印书馆 2005 年版,第 1205 页。

[12]苏丹:《住宅室内设计》,北京:中国建筑工业出版社 2005 年版。

[13]冯柯:《室内设计原理》,北京:北京大学出版社 2010 年版。

[14]来增详、陆震纬:《室内设计原理》(上册),北京:中国建筑工业出版社 1996 年版。

[15]承恺、周波:《家居装饰设计技巧与禁忌》,北京:北京机械工业出版社 2007 年版。

[16]李卫东:《住宅与健康》北京:海天出版社 2007 年版。

[17]张媛媛:《室内设计完全学习手册》,北京:中国铁道出版社 2011 年版。

[18]路易·芒福德:《城市文化》,北京:中国城市出版社 2003 年版。

[19]王明浩:《城市科学小百科》,北京:中国城市出版社 2007 年版。

[20]奈斯比特:《2000 年大趋势》,北京:商务印书馆 1988 年版。

[21]钱穆:《国史新论》,北京:三联书店 2002 年版。

[22]孟庆武:《环境美化手册》,北京:中国青年出版社 2007 年版。

[23]海默:《中国城市批判》,湖北:长江文艺出版社 2005 年版。

[24]瞿辉:《论园林中的植物造景》,《中国园林》1997 年第 4 期。

[25]戚继忠:《城市植物景观功能的研究与分类》,《世界林业研究》2006 年第 12 期。

[26]唐双桂:《浅滩园林植物景观特色》,《农林科技》2009 年第 1 期。

[27]薛惠锋、张慧琳:《中国城市水污染治理症结还需因地制宜》,《中国环境报》2008 年第 7 期。

[28]沈竞、林振山:《大中城市水污染状况及治理措施研究》,《自然资源学报》2010 年,第 12 期。

[29] 刘华龙:《论建筑艺术的美学内涵》,《中州学刊》2008 年第 3 期。

[30]李先逵:《城市环境美化分四步走》,《中国花卉园艺》2002 年第 5 期。

后记

本书针对当前城市百姓对环境美化的需求,以通俗易懂的方式,普及环境美化的科学知识,强化城市居民环境保护的意识,引导城市居民的环境美化行为。

本书内容基本包括了城市环境的各个方面。但限于我们的水平,仍有很多不成熟的地方,本书并没有根据某一城市特点去写,而是根据中国城市的共性来完成的,虽能体现当下中国城市在环境美化上存在的共同问题,但解决问题的途径与方法的针对性则受到影响。我们以此次编写为基础,通过持之以恒的研究、努力,在未来不断加深对这一问题的研究,增进大家对这一问题的认识。

为高水平地完成好本书的研究任务,天津城市建设学院组织了一批业务骨干形成编写组。王建廷任本书的主编,负责第一章及统稿;张戈撰写第二章;周庆撰写第三章;杨艳红撰写第四章;文科军撰写第五章;汤巧香撰写第六章;吴丽萍撰写第七章;尚金凯撰写第八章;张小开撰写第九章;刘华龙撰写第十章。并有一批年轻教师和研究生参加了本书的编写工作,大家怀着同样的目标和对改善城市环境的渴望,不计得失,热诚地支持和参与了这个项目,吴伟伟、葛晨、刘恋等研究生为书稿的编排作出了较大贡献。

本书的编写得到了天津市社会科学界联合会(以下简称

市社联）党组书记、教授、博士生导师李家祥,专职副主席、研究员张博颖,原副巡视员、秘书长陈根来等同志的直接指导和全力支持。他们在写作内容、特点等方面提出了许多很好的建议,市社联科普处处长华敏、副处长刘晖在编辑撰写过程中进行了大量的组织联络工作,市社联科普处副处长荣荣、杨鸿梁、王铭徽、市社联鑫联咨询服务中心宿希舜、天津师范大学赵瑞杰等同志也参与了书稿的编辑工作。在市社联领导和同志们的支持、指导和帮助下,本书凸显了科普类图书知识性、可读性和科学性的特点,使内容更加贴近生活,从而增色不少。在此我们表示衷心地感谢!

　　本书还得到天津市科委、天津市教育科学规划领导小组办公室、天津古籍出版社等单位的大力支持,在此,一并向他们表示诚挚的谢意! 最后,感谢关注我们努力的所有朋友和读者,期望给我们提出批评指正和改进意见,甚至进一步参与到我们的工作中来。这份事业,属于每一位珍爱自然和正视环境责任的公民。

本书编者
2012 年 6 月